读好书系列 彩色插图版

U0695660

青少年超级记忆术

超级

李源记忆心理研究室◎主编

吉林出版集团股份有限公司

图书在版编目(CIP)数据

青少年超级记忆术/李源记忆心理研究室主编. --
影印本. -- 长春:吉林出版集团股份有限公司, 2012.6
(读好书系列)
ISBN 978-7-5463-9671-2

Ⅰ.①青… Ⅱ.①李… Ⅲ.①记忆术—青年读物②记
忆术—少年读物 Ⅳ.①B842.3-49

中国版本图书馆CIP数据核字(2012)第118361号

青少年超级记忆术
QINGSHAONIAN CHAOJI JIYISHU

主 编	李源记忆心理研究室
出 版 人	吴 强
责任编辑	尤 蕾
助理编辑	杨 帆
开 本	710mm×1000mm 1/16
字 数	100 千字
印 张	10
版 次	2012 年 6 月第 1 版
印 次	2022 年 9 月第 3 次印刷

出 版	吉林出版集团股份有限公司
发 行	吉林音像出版社有限责任公司
地 址	长春市南关区福祉大路5788号
电 话	0431-81629667
印 刷	河北炳烁印刷有限公司

ISBN 978-7-5463-9671-2　　　　　定价:34.50 元

前　　言

学习效率的革命，是文明高速发展的迫切需要。

我们将此书叫作《青少年超级记忆术》，是因为它的主要内容面向所有想要高效学习的青少年学习者。它是一本关于在知识爆炸年代，我们应以怎样的方式面对如潮而至的知识信息，如何进行高效学习和处理的书，是我们发起的一场学习效率的革命。

以下内容需要大家特别注意：

书中我们并非只谈论高效快速学习的知识教育，还从心理学所涉及的各个层面，来向大家介绍一些处理日益增多的知识信息的方法，希望大家可以透过"记忆"文字的表面来进行一些深层次的理解。

超级记忆术应时代而生：

记忆的任务和方式需要改变

在科学技术飞速发展的今天，人们的学习也要更加科学化。在人类知识成倍增加和知识陈旧率不断上升的今天，学习的任务并不是死记硬背一大堆词句，而是如何能快速记住学习的要点，并在需要的时候能顺利地提取运用。人们如何以最少的精力掌握应该掌握的材料，这才是研究学习的学问。

量的积累方能产生质的飞跃

现在还有一种贬低记忆作用的偏见，认为当今是要求培养具有创造能力的人才的时代，不应强调记忆，应该注重创造性思维的培养和发展。这种似是而非的看法，实际上是把记忆和思维对立起来了。要知道，没有记忆为思维活动提供足够的材料，思维的活动效率就会极大地降低。很难设想一个知识经验很贫乏的人会有高效率的思维活动，会获得丰富的思维产物。而且反过来说，记忆效率的提高也有赖于思维活动的积极参与。

如果光记不思，必然茫无所得；如果光思不记，结果仍然是很危险的。不要把记忆等同于死记硬背；相反，科学的记忆正是要反对死记硬背。

使用最科学、巧妙、愉悦的学习技巧，才能将我们的才智最大限度地展

示出来。

世界在变革，中国在变革，工作、生活的美好及理想的达成要如何实现，全都是需要重新考虑的问题。

无数的证据显示，我们每个人都有必要以自己高效的学习方式去进行学习，但方式的寻找也需要机遇。而当机遇摆在我们面前时，又该怎样去把握它呢？

目　　录

第一章　记忆的两大规律 ……………………………………（1）

第一节　记忆的特点 ……………………………………（1）

第二节　遗忘的规律 ……………………………………（5）

第二章　三大记忆法 ……………………………………（8）

第一节　机械记忆法 ……………………………………（8）

第二节　意义记忆法 ……………………………………（13）

第三节　专项记忆法 ……………………………………（16）

第三章　记忆的主人 ……………………………………（33）

第一节　注意对记忆的作用 ……………………………（33）

第二节　怎样提高和锻炼自己的注意力 ………………（36）

第四章　记忆测试与训练 ………………………………（38）

第一节　记忆特性测试 …………………………………（38）

第二节　记忆能力训练 …………………………………（45）

第五章　心理环境的调节 ………………………………（50）

第一节　要有一定能记住的信心 ………………………（50）

第二节　怎样培养你的自信心 …………………………（51）

第三节　要有记忆的意图 ………………………………（51）

第四节　兴趣是记忆最好的老师 ………………………（52）

第五节　怎样培养记忆的兴趣 …………………………（53）

第六节　要在最佳的心理状态下进行记忆 ……………（54）

第七节　如何调节不良的心理状态 ……………………（55）

第八节　要有正确的记忆动机 …………………………（56）

第九节　要有明确的记忆目的 ………………………………………… (56)

第十节　充满热情地去记忆 …………………………………………… (58)

第六章　外部环境的调节 ……………………………………… (59)

第一节　拥有适合记忆的个人天地 ………………………………… (59)

第二节　利用独处可以提高记忆效率 ……………………………… (60)

第三节　克服不良记忆环境的法宝——专心致志 ………………… (61)

第四节　在集体环境中记忆，不容易感到疲倦 …………………… (62)

第五节　冷色书房有助于记忆的提高 ……………………………… (62)

第六节　找出你的最佳记忆时间 …………………………………… (63)

第七节　要采用分散记忆 …………………………………………… (64)

第八节　休息是为了走更远的路 …………………………………… (64)

第七章　记忆的"诀窍" …………………………………………… (65)

第一节　强化记忆类型法 …………………………………………… (65)

第二节　视觉形象记忆法 …………………………………………… (66)

第三节　大声朗读记忆法 …………………………………………… (68)

第四节　全脑风暴记忆法 …………………………………………… (69)

第五节　寻找记忆的方法 …………………………………………… (71)

第六节　重视材料应用法 …………………………………………… (72)

第七节　两头印象记忆法 …………………………………………… (73)

第八节　左右脑结合的超级记忆法 ………………………………… (74)

第八章　复习是记忆之母 ………………………………………… (76)

第一节　总论 ………………………………………………………… (76)

第二节　及时复习法 ………………………………………………… (76)

第三节　多次重复复习法 …………………………………………… (77)

第四节　尝试回忆复习法 …………………………………………… (79)

第五节　自我测验复习法 …………………………………………… (81)

记忆是智慧之母 …………………………………………………… (85)

记忆要适时休息，不能强制硬灌 …………………………………… (121)

一切知识，不过是记忆 ……………………………………………… (141)

嫁接联想法 …………………………………………………………… (148)

第一章　记忆的两大规律

第一节　记忆的特点

一、发展概述

19 世纪末，德国心理学家艾宾浩斯创造了研究记忆的有效材料——无意义音节，测量记忆的客观方法——节省法，以及把研究结果进行统计处理，使记忆研究数量化的科学方法，由此开始了记忆的科学研究。而在此之前，人们对于记忆的了解，长时间里只是处于一种经验的交流，并没有上升为有科学根据的理论研究。

所谓无意义音节，就是用两个子音夹一个母音形成一个能读出音但却没有任何意义的音节，用以测试人们记忆力的高低，例如 bok、sid 等。用它们来作记忆的材料，这样就可以在一定程度上排除已有知识经验对记忆能力的影响。如果被测试者有一方对此类材料（指有意义音节）熟悉，而另一方生疏的话，就很难根据记忆材料来对被测试者进行记忆能力的判断。

所谓节省法，就是把记忆材料学习到一定程度，如刚能背诵，然后将材料暂放一边，记忆材料将会随着时间的推移发生部分的遗忘，至不能背诵或无法全部背诵为止。接着再进行第二次的学习，达到第一次能背诵的程度。我们比较第一次与第二次学习诵读所约时间的量，就是记忆数量的一种指标。例如我们来学习一首唐诗，第一天诵读了七遍就可以背诵，第二天发现有些遗忘，然而只读了两遍就又能够背诵，这样就比第一次节约了不少的时间。我们把这样节省的时间看作是材料记忆保持的一种实际存在的数量化的指标。并且可以用公式表示：

$$R = \frac{N-n}{N} \times 100\%$$

其中：R 代表所节省量的百分比；N 代表开始学习至熟练所需要的时间；

n 代表重新学习所需要的时间。

通过艾宾浩斯所创造的无意义音节和节省法这两种方法，我们可以对记忆的一系列问题进行研究，例如：

学习材料的量和诵读次数的关系；

遗忘的特点；

集中学习和分配学习对于记忆的影响；

关于联想的研究……

从这以后，人们对记忆的科学研究便逐渐开展起来，并且成为心理学、生物学、仿生学、神经科学、医学、信息科学等多种学科共同研究的课题。

在心理学上，我们把记忆分为意义记忆和机械记忆两种。

意义记忆就是指要识记的材料彼此之间有着相关的联系，如要背诵一首唐诗或记住一个数学定义，我们首先就要理解这首诗要表明的意义或数学定义的原理，在把来龙去脉弄清楚的基础上去记住它们，这便是意义记忆。而在我们要识记的材料彼此之间并没有实际的联系，与外部也没有什么关联的情况下，我们要记住它们，只有依靠反复的诵读，这就是机械记忆。

例如记忆一些数字数据、电话号码、历史年代或法律条文，均属此类。

而信息学则把记忆看作是信息的储存和提取。在这里，记忆材料被看作是一种信息。信息经过导入系统（如视觉、嗅觉、听觉等）到达脑部中枢对应储存部位，得到中枢神经的加工编码并被储存，等到需要的时候，这些储存好的信息又通过解码过程而被提取利用。所以信息学所研究改善记忆的方法，实际上就是改善记忆信息的编码，使之以更快更方便的形式存入或取出，借以提高利用效率的方法。

二、记忆的三种分类及其特点

（一）瞬时记忆

瞬时记忆是一种识记过程非常短暂的记忆，它对信息储存的时间在 1 秒钟左右，而且记忆者本身是意识不到的。

当我们看电视或电影的时候，画面上的人跟物体在实际上都是静态的，它们均以每秒十到二十几幅的速度在人们面前快速闪现，正因为人类具有这种瞬时记忆的本能，才能把第二次看到的画面不断与第一次看到的画面记忆联系在一起，保持了观赏的连贯性。又比如人们眨眼的动作，也正是由于人类具有的这种瞬时记忆，才保持了人们对于外界认知的连贯。

瞬时记忆具有三个特点：

①广度特点（记忆广度是指记忆材料呈现一次所能记住的最大量）：瞬时

记忆的记忆广度随不同感觉通道而不同。一般情况下，视觉瞬时记忆的广度比听觉瞬时记忆的广度要大。

②瞬时记忆具有鲜明的形象性。它在短短的一瞬间所感受到的是材料的全部形象，而不是形象的意义，由于不是关注材料所产生的，所以保持的感觉也无重点可言，并且这种记忆的材料也来不及与脑中旧的信息发生联系。如果我们人为地使之与脑中的旧信息发生某种关联，那么这部分材料等于已经被记忆编码，而进入长时记忆的范畴了。所以，真正意义上的瞬时记忆，被感觉的材料绝大部分还未到达脑部中枢就消失了。

③瞬时记忆所保持的信息时间非常短，在一秒之内，甚至几十分之一秒。

（二）短时记忆

短时记忆对信息的识记储存比瞬时记忆要长，在一分钟左右，识记的信息如果不被及时处理而进入长期记忆的话，也会快速消失。

比如我们生活中就常常出现这样的事：心里刚想到要做的事，等起来一转身，一下子便忘记了；或者我们平时打电话，如果是不熟悉的电话号码，刚拨打完以后就忘记了，再要拨打时，还得翻查电话簿。在我们的生活学习中也经常要用到短时记忆，例如我们上课记笔记、进行数学运算或是与彼此的交谈中，都要用到短时记忆，否则活动将无法进行下去。

短时记忆具有三个特点：

①记忆广度有一定的限制。

我国的心理学家曾经对记忆广度进行过比较科学的测试，受试者对无连贯意义的汉字平均每次可以记住 6 个多一点；10 进位数字是 7 个多一点。而国外所测定短时记忆广度的平均数是：10 进位数字 8 个；字母 7 个；单音节字 5 个。美国心理学家约翰·米勒经过 7 年的反复测定和论证，得出正常成年人记忆广度的平均数是 7，这个数字具有相对稳定性，因此得到国际上的公认。我们也可以对记忆广度进行一次自我的测定，方式如下。

先做一个短时记忆广度测试表（如下表）。它实际上是一个任意排列的3～12 位数的数字表。测定开始，先由监考老师向被测试者口述数字表上的每一列数字，顺序是由少数列慢慢向多数列推进。监考老师每口述一组数字，被测者就要立即准确复述出来，直到因数列数字太长，被测者出现复述错误或无法复述为止，这就是被测者短时记忆的广度。

为了使测试更精确，最好制成几个类似的广度测试表，多测几次，取其平均值。

短时记忆广度测试表

第一列　　　　３２８

第二列	4 4 2 7
第三列	2 5 9 9 3
第四列	8 3 1 4 9 6
第五列	0 9 4 6 7 5 1
第六列	3 1 7 4 5 8 0 2
第七列	2 7 1 8 3 6 9 7 0

（表内右面数字可任意排列，依次递增）

约翰·米勒在后来的实验中还发现，**短时记忆广度的确定不取决于被记忆材料的意义，而取决于被记忆材料的数目。**

例如：5个英语字母和5个英语单词，在信息量上5个单词比5个字母要多，但它们单个材料的数目是一样的，都是5个，均在记忆广度范围之内，所以它们都可以一次记住，并且记住它们所花费的力气是大致相同的。我们在识记材料时可以巧妙地利用这一特点，设法使材料的单个数目长度减少，并且使较少的数目单元能负荷更多的信息。例如，把识记的材料要点化、重点化或提纲化，这样就能用较少的力气记住更多的内容。又如，我们要识记电话号码07467226894，就可以将之分为3个小组：0746-722-6894。这样一来，每组数字就是一个单位，一共是3个单位，仍在短时记忆的广度之内，记起来就会容易许多。还有我国的百家姓也是记忆组群化的一个典范，它将4个字划为一个小组，这样我们每次至少可以记住3个组群，也就是12个姓氏，从而大大提高了短时记忆的广度。

②短时记忆信息保存的时间短。

我们可以先来做下面的试验：

被测者可以先记住3个字母（须是无意义音节，如cdf，但只能给被测者诵读一遍），然后立即转入一个连续减数的智力活动中，如从828开始连续减2（要求被测者连续念出减2后的结果）：826、824、822、820、818、816、814、812、810、808……20秒后，再让被试者回忆刚才记忆的字母，结果绝大多数人想不起来了。所以，我们要将短时识记信息转化为长时识记，就必须在短时识记信息消失之前，对识记信息进行多次（因情况而异）的重复，以强化信息保持的时间。

③短时记忆容易受到干扰。

即使受到干扰的量小而弱，信息大多也会消失。

我们在特点2后部分所进行记忆字母的干扰实验也说明了这一点。所以我们在进行短时记忆时，一定要尽力排除来自外部或心理的干扰因素。

（三）长时记忆

长时记忆是一种长期保持信息的记忆。它不存在广度问题，只要有足够的复习时间，它的容量相对来说可以是无限的。

大多数记忆学家对于记忆的研究都是以长时记忆为对象的。我们通常所说的记忆活动的各种规律和特点，大多指也的是长时记忆。

有关长时记忆的规律和特点，我们将在这个章节里以较大篇幅进行研究和介绍。下面主要对瞬时记忆、短时记忆和长时记忆三者间的关系做一些介绍。

当前普遍流行的看法是：这三种记忆实际就是人们整体记忆过程的三个阶段。认知信息首先进入瞬时记忆，之后大部分信息将被筛选而消失掉，少部分对人们认知目的有用的信息将被注意，从瞬时记忆中提取出来，再进入短时记忆的通道。在短时记忆的通道中，随着时间的推移，又有许多信息被筛选掉，只有个别被注意并进行重复的信息才能摆脱消失的命运而进入长时记忆，被长期储存起来。

我们在具体的记忆过程中也要顺应以上所讲的规律，只专注那些真正需要记住的东西，让不需要进入长期记忆通道的信息早早地被筛选掉，从而使该记的材料记得更清楚、准确，所花费的复习时间与精力也更加少。

第二节　遗忘的规律

记忆和遗忘是一对矛盾体。我们所记忆的信息，如果长时间不进行重复的巩固认知，或者受到内外部因素的干扰时，就会被遗忘。可以说，遗忘是不可避免的。但怎样有效地减少遗忘，最大限度地保持住有用的认知信息？遗忘有一些什么样的规律和可利用的特点？这正是本章所要介绍给大家的。

艾宾浩斯曲线与遗忘的特点

记忆学家艾宾浩斯对遗忘进行过系统的研究。他采用无意义音节作为实验的记忆材料，然后用节省法计算出对记忆材料保持的量，包括遗忘的量，经过多次的实验与计算，得出了不同时间间隔所保持或遗忘的百分数，见下表：

不同时间间隔后的记忆成绩

时间间隔	保持百分数	遗忘百分数
20 分钟	58%	42%
1 小时	44%	56%
8 小时	36%	64%
24 小时	34%	66%
2 天	28%	72%
6 天	25%	75%
31 天	21%	79%

　　根据上表的数据可以绘制一个函数曲线。它可以更直观地让人们看到，随着时间的推移，人们对于记忆材料逐渐遗忘的过程及遗忘量的大小，这便是著名的艾宾浩斯保持曲线（或称遗忘曲线）。

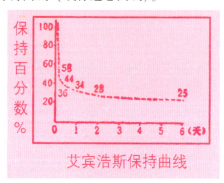

艾宾浩斯保持曲线

　　这条曲线向我们所展示的是：

　　认知材料在记忆之后，马上会有一个迅速下降的过程（记忆后的短时间内），而当时间间隔延长后，会逐渐变得平缓起来。因此我们可以得知遗忘的其中一个规律就是：材料在识记后短时间内遗忘较多，记忆保持的分量也会迅速下降，而在经过长时间的间隔之后，遗忘发展的速度也就逐渐变慢。

　　在艾宾浩斯之后，许多研究家用不同数量和不同性质的识记材料进行过类似的实验，得到的遗忘曲线大致走势是类似的。后来这些研究的一大成果就是：遗忘的速度会受到识记材料的性质、内容和范围的影响。一般情况下，对动作、技能的记忆遗忘比较慢（如体操、绘画），并且稍加练习即能恢复。而遗忘最快的科目之一便是外语，所以经常复习巩固相对于外语学习来说是非常重要的。

遗忘还有量与质的遗忘之分。例如一首唐诗，前面三句都背诵出来，最后一句却给忘了，这就是材料的量的遗忘；又如我们在默写一个英语单词时，把其中的一个字母弄错了，这便是质的遗忘，把本质的东西丢掉了。

第二章　三大记忆法

第一节　机械记忆法

一、机械记忆法概说

顾名思义，机械记忆法是指强记和靠机械重复来记忆事物的方法，它既不需要改变认知材料的外部形式，也不需要旧有的信息和经验，它实际就是一种单纯的为加深认知牢固度而多次反复学习的方法。

机械识记是一切记忆的基础，人类的初期记忆几乎是依靠机械重复地刺激大脑而获得的。相对于人的年龄来说，青少年的机械记忆力较强，而年长者的逻辑记忆力较强。

机械记忆法广泛地运用在我们的工作和学习中，一些没有相连意义的识记材料（或相连意义不大），如各种数据、数字、电话号码、英语单词、历史年代、人名、地点、专有名称、习惯用语等，都主要靠机械记忆法来记忆，甚至有些有相关意义的识记材料也必须通过机械重复的手段来记忆。

机械记忆法的重复识记并不是刻板的，它有着科学可循的规律，有着行之有效的方法和技巧，我们必须在识记过程中不断挖掘和探讨，以不断提高自己的记忆效率。在此我们着重介绍整体学习记忆法、分段学习记忆法和循环记忆法。

二、整体学习记忆法

整体学习记忆法，就是把要识记的材料整体地进行多次重复记忆，直到熟练为止。

整体记忆法的优点是容易把握住识记材料的中心意思，前后各部分容易联系贯穿，不会打断识记材料的线索。有人针对记忆法的效率做了以下实验，让年龄及文化知识水平相仿的人来记忆一组诗歌，甲采用整体记忆法来背诵，

乙则采用分段记忆法背诵，测得的结果如下：

记忆 20 行的诗
甲用整体记忆法需：14 分 17 秒
乙用分段记忆法需：16 分 12 秒
整体法节省时间：1 分 55 秒

记忆 40 行的诗
甲用整体记忆法需：35 分 16 秒
乙用分段记忆法需：38 分 44 秒
整体法节省时间：3 分 28 秒

记忆 90 行诗
甲用整体记忆法需；63 分 38 秒
乙用分段记忆法需：81 分 10 秒
整体法节省时间：17 分 32 秒

以上的实验结果可以告诉我们，在一定的长度内，对意义相连的识记材料采用整体记忆法效果比较好。

如果采用分段记忆法，则会使每一段的中心意思与上一段脱离，使整篇诗歌的主线变得支离破碎，导致在整篇背诵这组诗歌时，要花费较多时间将段与段之间串联起来。而整体记忆法则把全文当作一个整体，牢牢地抓住其要表达的中心意思。

一般来说，年纪较大、逻辑思维能力强、文化水平较高者适用整体学习记忆法。记忆材料互相之间有关联，属于密不可分的一个整体，例如一首唐诗、一篇散文、一次重大的历史事件等，这种互相承接、互有因果的识记材料自然用整体学习记忆法效果较好。

当然，整体学习记忆法也有它自己的弱点。比如，对整个材料从头到尾记下来，脑部的负荷就比较大，容易使脑神经感到疲劳，出现注意力无法集中的情况，甚至还会出现一种厌烦感和抵触情绪。而对各个部分投入的时间过于平均，也会浪费一部分精力。所以在采用整体学习记忆法之前，要先安排好材料的分量，一般不宜过长，要控制在自己脑部的负载范围之内，这样既能对识记的材料在短时记忆消失之前有时间回头进行复记、巩固，又不损害材料意义的连贯性。

三、分段学习记忆法

把所要识记的材料分成几部分集中记忆的方法，称为分段学习记忆法。

此种方法适用于学习内容杂而多、识记材料间意义联系少，并且机械而零散的材料。比如大量的人名、地名、历史年代、外语单词、法律条文等。

我们常常有这种感觉：如果要一下子记住大量的东西，就会感到头疼、力不从心，甚至被吓到，失去记忆的信心；但当把识记的材料分成小块或小单位时，就觉得记起来比较轻松，慢慢地就能积少成多，最终完成识记的任务。这也有点类似于打仗，一定要讲究策略，要把敌人分化成一小股一小股，再一股一股地进行歼灭。

但材料要以多长来进行分段好呢？

在前面我们说过，美国心理学家约翰·米勒曾对短时记忆的广度进行过比较精确的测定，测定正常成年人的记忆广度是7+或-2，并且得到了国际记忆学界的公认，我们把它称作"魔力之七"。也就是说，**识记材料每个分段所包含的数量最好在7个左右，不管对单个的识记内容或是同类的集合（集合所包含的信息量不宜太大）都同样有效。只有这样，才能使分段记忆的效率达到最高。**

比如社会上较流行的记忆圆周率，许多人都能把圆周率记到小数点之后五六百位，这其实并不难，稍加训练就可以办到。我们首先把圆周率小数点后的数依次排列，然后再根据"魔力之七"的原理，把它们分成若干小段，每小段为7个数字。这样背记起来就会感到节奏分明，仿佛像一首七言诗，然后我们再把刚分好的小段每7行作为一个小的整体，合为一大段，每次均背一个大段，再接着往下背，那么10个大段就是490位数了。

分段记忆法在我们生活学习中的运用是相当广泛的。比如，我们在学校学习的各门学科也都是这样分成各个章节各个单元，通过几年的学习积累而掌握的。

一般来说年龄小、整体文化素质低者更适合分段记忆法，并且运用分段记忆法可以使人更快看到成绩，增强自信心。当然，我们在运用分段记忆法时，也要注意下面几点：①识记材料的分段要平均，每段所包含的信息量、信息难度要基本均等，以避免不必要的精力浪费，对于独特难记的材料或重点要分开来记；②对于有一定关联的材料，记忆时不能把各个部分孤立起来，要特别重视各个部分之间的联结，对联结过渡的内容进行重点记忆，以减轻前摄抑制和倒摄抑制的影响；③好有的内容的记忆最好与整体记忆法结合，可先对记忆材料通篇浏览，然后再分段记忆，这些都要根据识记材料的不同而作不同对待，正所谓取其所长，避其所短。

四、循环记忆法

把记忆材料分成若干组，科学地分配每组识记的时间，进行反复循环记忆的方法叫作循环记忆法。

我们知道，记忆是按照识记——复习保持——认知提取的程序进行的，我们在学习记忆的过程中，必须紧紧抓住这几个环节。**而循环记忆法在实际应用中很好地体现了这个特点，是一种最佳的机械记忆法，其应用面是相当广泛的，在识记外语单词方面更是效率惊人。**

下面我们以识记外语单词为例，把循环记忆法的一些原理及实施的过程展示给大家。

在学习的过程中，我们必须结合记忆学的规律和特点，仔细分析出循环记忆法的科学正确之处，以便举一反三，应用到其他材料的学习识记当中。

比如我们要记住 50 个英语单词。

第一步：先把单词分成 5 个一组，50 除以 5，就是 10 组单词，做好分组记号，见图示（我们用"0"表示一个单词）。

（1~19 表示的是朗读识记的顺序，一般情况下，每个单词朗读识记一遍，大约 1 秒钟。）

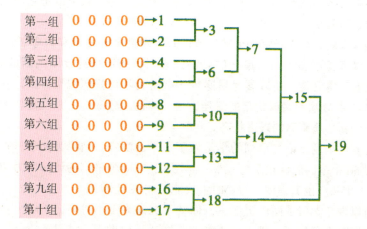

第二步：识记程序（请参照图表）。

①识记第一组单词，每个单词识记二遍，并且要控制住时间，尽力记住，不可停留。然后把 5 个单词再复识一遍，是否记住，先不要去管，这样每个

单词见面 3 次。

②识记第二组单词。先分别识记两遍，再把 5 个单词复识一遍。每个单词识记 3 次。

③转过头来，把第一组、第二组的 10 个单词复习一次。因为这时遗忘曲线正在迅速下滑，所以要及时复习巩固，避免做无用功。这是第四次与单词见面。

④识记第三组单词两遍，接着再复习一遍。

⑤识记第四组单词两遍，接着再复习一遍。

⑥回过头，把第三组、第四组的单词重新复习一遍，加强记忆的深度。

⑦从第一组到第四组，再全体复习一遍。这样，第一至第四组的每个单词就一共识记 5 次。

仿照第一组到第四组的步骤，对第 5~8 组的单词进行识记。再回过头来对第 1~8 组的单词进行一次总体的复习，每个单词的识记就达到 6 次。

依次类推，等学完了第 10 组后，从头至尾复习一遍，每个单词识记共 7 次。这样，就把几个记忆环节和记忆规律科学地结合起来，使每个单词在它的信息消失之前，均得到了适度的巩固再认，就能更快、更牢固地进入长时记忆的通道中了。

记完之后，请自我测试一下，你会惊奇地发现大部分的单词都记住了。然后你可以把稍难些，或是没有记住的单词挑出来再记几遍，这样就能很好地掌握今天所学的 50 个单词。一天以后再复习一遍，就可以将它们在头脑中储存较长时间了。

测验表明，初次记忆一个英语单词时，连续念 5~6 遍和只念 2~3 遍，其记忆的深度差不多。因为单一的刺激过多时，脑部神经找不到新的兴奋点，反应就会变得迟钝，所以要尽量避免一些费力不讨好的记忆方式。一般情况下，识记 2~3 次是短时记忆的最佳方法，省时，效率高，并且能使大脑始终处于一种新物质刺激的兴奋状态。

有人对用循环记忆单词的学员做了科学的测定，结果为：学员一个半小时学习 50 个单词的认知率为 90%；学习 80~100 个单词的认知率为 75%；平均为 74.85%。也就是说，每小时大概能记住 50 个单词。

所以现在学习了循环记忆法，你就不会认为 1 小时能记 100 个单词的人记忆力有多么可怕了。别人能做的，你同样可以做得到，只要坚持下去，用两个月的时间记忆 3000 个完全陌生的单词，是完全可以办到的。

第二节 意义记忆法

意义记忆法就是从理解材料本身所代表的意义入手，对材料进行纵横向的仔细分析、联想，或进行合理的归纳分类，让我们的思维活动积极参与到材料中的一种记忆方法。

所谓材料的意义，就是指不同材料间的关系，材料和客观现实的联系、和已有经验的联系，以及材料本身所代表的意思、扮演的角色。联系越多，意义内容就越丰富。对材料的意义理解得越多越深刻，联系也就越多。在这样的记忆过程中，思维活动始终处于积极状态，记忆的效果也更好。

一、记忆中要对材料意义进行积极思维联想

联想是将事物记在心中的挂钩，当一个事物隐藏在内心深处时，联想便是钩起这个事物的手段。也就是说，"记性当中应该有悟性"的活动，否则便是死记硬背，就是把具有联系意义的材料变成没有意义的材料，把意义记忆变成机械记忆了。

心理学家通过实验发现，意义记忆比机械记忆的效果高出 8 倍，有独特意义的材料识记效果甚至高出 20 倍，所以我们在记忆的过程中必须对记忆材料进行多方面的分析、综合、比较、分类、概括，以及和旧有的知识挂钩，加以系统化等思维活动。

一件事物，在头脑中越与其他事物联想，我们就越能清晰地把它记忆在头脑中。好记忆的奥秘在于我们对联想在心中事物的意义能进行多深入的挖掘。简单地说，如果有两个同等经历、天赋记忆力相差无几的人，其中一个能仔细思索自己的经历，并把这些经历结合到相互关联的关系中，那么他的记忆力就好。这种例子在我们的生活中有很多很多，有些体育运动员（专业工作者大多如此）对自己的运动成绩记得非常牢、非常精确，甚至让你感到吃惊，并且对于世界上的许多体育大事、历届名人及各类运动的相关成绩也记得非常牢，就像一部体育字典。这是因为运动员把这些事物放在头脑中一样一样地进行着归纳、比较，并有一定的顺序或是有一种贯穿的主线。对他们来说，这些记录并不是一堆杂乱无章的数字、名字、名称，每个他们记住的东西都有着一定的意义，也说明一个个问题，并且决定或指导他们在运动方面下一步该怎么做等。这样，这一大堆材料就能整齐有序地在他们心中长

久扎下根。

"欲要记得，先要懂得"这句俗语，也充分说明了在记忆过程中进行积极思维活动的重要性，心理学的多次实验都证明了这一点。

例如艾宾浩斯的实验：

被测者记忆12个无意义章节组成的字表，平均要诵读16.5遍才能记住。而记忆英国诗人拜伦的代表作讽刺长诗《唐璜》里由80个单词组成的诗段时，被测者只读七八遍就记住了。两天之后，被测者对上述两种材料都发生了部分遗忘。但是，对《唐璜》的诗段，被测者只复习了3.8次就使记忆完全恢复，而对前一种材料则需复习11次才能完全回忆出来。

美国的心理学家在实验中得出的数据：

记住200个无意义章节，平均需要93分钟的诵读，记住有联系的散文中的200个单词需24分钟，而记住诗歌中的200个单词则速度更快，只需要10分钟。

苏联一位心理学家的实验证明：

四五岁和六七岁的儿童在回忆有意义的单词的平均数量上几乎超过回忆无意义词数量的10倍，尽管每个实验所取得的记忆无意义材料和有意义材料中差别的数量指标不尽相同，但是这一差别的总趋势是不变的，也就是说在记忆的范围、速度和巩固性等方面，记忆有意义材料比无意义材料效率高许多。

大家还可以跟我们一起来做下面的实验。

下面提供了两组识记材料，都是同样的10个词，不同的是a组的词都代表着一定意义，而b组的词没有什么具体或实际的意义。

请分别测定开始记忆的时间和记忆结束的时间。

a组记忆材料：

发疯	镜子	水稻	思维	飞快
手电	大人	渔网	十九	挺好

b组记忆材料：

词九飞	类果	了清	中具	比抽
系一	人稻	快维	手思	大九

a组	b组
开始时间：	开始时间：
结束时间：	结束时间：
所需时间：	所需时间：

哪一组记得更快呢？我想你的答案应该和我们一样，是 a 组。

现在接着做一个更有趣的实验，我们把 a 组的词串成一组更高意义的小片段 c，再记记它们，是不是觉得这十个词记得更快了？

勾挂串联后 c 组：

十九岁的大人思维飞快，原本挺好，照过镜子后却拿着渔网、手电去捕水稻，许是发疯了。

所以，我们应该从小就养成一种在记忆时进行思维活动的习惯。在我们的生活中，有时也会遇到一些学习较努力的差生，实际上他们不一定有智力缺陷，只是大多都沿袭着一种死记硬背的习惯，从而造成学习效率的低下。

二、怎样展开思维的翅膀

一切记忆的基础在于观念和体验的联想。在增强记忆时，联想是在意图—注意—意义之后产生的。唯有积极的联想、积极的思维活动，才能把材料的前后各项结合成易记的整体。但我们在实际记忆活动中，有时虽然清楚积极思维活动的重要性，却无法在头脑中展开思维的翅膀，这与我们对联想手段的了解程度和是否经过联想的思维训练有着很大的关系。下面就向朋友们介绍展开思维联想的几种方法，大家读完以后一定要举一反三，多多进行这方面的训练，迅速提高联想的能力。

1. 相似性法则（也称类似性法则）

两个观点或事物可以根据相似点去联想，即经验的类似使以往经验再次出现。如学习平行四边形面积公式时，可以联想到三角形面积公式，因为一个平行四边形可以看作两个三角形在一起的组合，所以面积也是两个三角形面积之和，即 2 个底乘以高被 2 除，相当于底×高之积。这样掌握相似点，我们不但记得牢，而且理解得也更深。学习外语时，还可以找到相似和意思相近的两种词，如英语中帽子（hat）与猫（cat）、鼻子（nose）与指甲（toes）的发音就有共同点；小学生（pupil）与中学生（student）、女演员（actress）与舞女（dencer）有着相近的意思。

2. 对比性法则（或相反性法则）

材料给你的印象使你联想到曾有过的另一种材料，但两种材料所代表的意义却是相对或相反的。如黑与白、男与女、巨人与侏儒、唯物主义与唯心主义。

3. 连续性法则（或接近性法则）

两个材料所代表的意义属于较相近的时间或空间，其中一个材料使你联

想到另一个材料。它大致包括以下几种连续：①种属关系（由孩子联想到父母）；②部分与整体关系（由工人、农民联想到劳动人民）；③因果关系（由打雷联想下雨）。

当然，联想的法则细究起来不止这三种，我们一定要留意生活和课本中展开思维翅膀的实例，还可对本书介绍的一些记忆实例做仔细的分析，看它们用的是哪一个法则，或者在这些法则基础上又有什么新的技术的应用。

总之，要让自己的思维活跃起来，就必须主动出击，主动寻找记忆材料的联络点，不断训练和提高自己。

第三节　专项记忆法

在记忆学的领域里，实际上只分为机械记忆法和意义记忆法两种。

专项记忆法实际上是意义记忆法的一个分支，也可叫作人工记忆法，它要求记忆者先在头脑中形成一个结构（或利用已有的知识或经验来形成这个结构式），加以牢记，再把要记的新事物借助离奇的比喻或类比，与该结构式的一部分组成联想，以便于记住事物。

从实用角度出发，专项记忆法我们主要介绍以下三种：①奇特联想法；②数字记忆法；③姓名相貌记忆法。

一、奇特联想法

奇特联想法是一种非常有趣的记忆方法，它在记忆某种专门材料时是名副其实可称得上"秘诀"的一种方法，它主要是通过离奇的、特别的联想，并在头脑中呈现相应的物象来增强记忆，即使这些联想是荒谬和不符常规的，只要是有利于对材料进行识记，我们都可以大胆地进行联想。

我们要让自己的思维任意驰骋，穿越时空，有时像童话，有时像科幻小说，有时像滑稽小品，有时又像幽默短剧，总之要随心所欲，随意使用，使要记忆的材料形成清晰的物象，在大脑中留下深刻的烙印，这样我们的目的便算达到了。

（一）奇特联想法三大原理

1. 形象是记忆的根本

形象指的是事物的外表形态，是事物在人脑中的一种印象，比如"太阳"在我们脑中的印象就是一个发出大量光和热的火球。人的记忆一般可划分为视觉型、听觉型、运动型和综合型四种。而大多数人是属于综合型的，也就是说对看过的东西一般记得比较牢。所以，即使要识记的材料不是摆在眼前的实物，我们也要发挥自己的创造力和想象力，把材料在脑海中编成一个个实物，使它们形象化，并将它们串联成一个个相互关联的整体，犹如在脑中放映一部立体电影，如见其画，如睹其人，如闻其声，这样就能迅速提高自己的记忆能力。

大家也许有这样的体会：我们有时看过一件精美的艺术品、一个俊俏的人或者一个恐怖的画面，往往历久都不能遗忘，这是因为它们或美或丑，都具有着鲜明独特的形象。我们在记忆材料时，就要力求找到这种感觉。在大脑银幕上浮现物体的形象，并且尽量往鲜明、独特和使自己感到愉悦的方面去联想，特别是自己以前听过、看过、接触过或者幻想过的形象，这样记起来就更能刻骨铭心、难以忘怀。

比如 stamp（邮票）这个单词，我们在记忆时首先要想象出邮票的形象，然而想象哪一张邮票的形象更好呢？最好是你最最喜欢的那一张，然后在你想象的过程中，stamp 这个单词就清晰地印在那张美丽的邮票上。

那么，现在就开始我们的训练，在生活和学习中无论是听到、看到还是感觉到，凡是需要记住的东西，都让它们以鲜明、独特而又美好的形象浮现在你的大脑中吧，过不了多久，你就会体验到这种训练给你带来的益处和快乐了。

2. 联想是记忆的关键

记忆要依靠联想，而联想则是新旧知识建立联系的产物。

旧知识积累越多，新知识联系得越广，就越容易产生联想，越容易理解和记住新事物。世界上任何事物的存在都不是孤立的，它们互相之间都存在着千丝万缕的联系，不论是记忆过程，还是回忆过程，联想都是必不可少的环节。美国当代著名的记忆术专家哈利·罗莱因认为："记忆的基本法则是把新的信息联想于已知事物。"

其实，每个人在生活和学习中都或多或少地应用过联想这一原理，只是大多数都在无意识中进行，所以显得凌乱而漫无边际。比如，看到一篇作文，会想起小时候教过自己的语文老师；翻出一封旧信，会想起一段甜蜜的时光；看到一把玩具手枪，会想到一部科幻战争片……

这种无意的联想如果能被我们主动地加以利用，就会给我们的工作、学习带来很高的效率。而奇特联想法是诸多联想法中的一种。它有一个重要的特点，就是大大超越了联想的基本规律，创造出五光十色的场景，荒诞离奇的情节，强烈刺激大脑神经中枢，获得快速牢固的记忆效果。

3. 奇特是记忆的秘诀

我们都有这样的经验：大多数人对于生活中奇异、特殊和神秘的事物特别关注，特别渴望了解。像刘姥姥进了大观园，什么都新奇，什么都想看；又比如街头扎着一堆人，过路的十之八九都会停留下来，打听一下出了什么事；还有名山大川、河流飞瀑等奇异山水，都以它们本身的独特之处吸引着人们。

古埃及文献《阿德·海莱谬》中曾有这样一段话："人们对于每天看到的琐碎的、常见的事物一般是记不住的，若是看到或听到奇异的、不可思议的、低级丑恶的、荒诞的、巨大的等异乎寻常而又离奇古怪的事物，反倒能记忆很长时间。可见，身边的见闻常常被忽视。但是，人们对儿童时期发生的事情却能够记忆得很牢固。'看'这个行为本身没有变化，可是正常的、司空见惯的事物就容易被遗忘，而奇异的事物就永远留在记忆中，这难道不是有些不合乎道理吗？"但是，事实就是这样。

然而，我们知道了奇特是记忆的秘诀，那么对于很多风马牛不相及的事物，又怎么运用奇特法把它们联想到一起呢？这时就要采用挂钩联想的方法，不论是自然界的实在事物、风雷雨电，还是理论上的抽象概念、理论思想，都可以与自己的无限幻想相互钩挂，把众多沉在记忆表面下的物象钩挂起来，结成四通八达的记忆大网，通过这个网上的每一根线可以从一个结到达另一个结，从一个结到达所有的结。

掌握了这一奇特原理，那些毫不相关的信息就可以听从你的调遣，有联系地输入，有次序地提取了。

(二) 迅速提高联想技术的三种方法

1. 动态法

顾名思义，运用动态法进行联想，就是要让静态的事物在自己的脑海中运动起来，因为动态的事物更能引起人的注意、更吸引人，也更让人记得牢固。

人们喜欢看电影胜过幻灯片，静止的招贴广告不如动的电视广告效果好，小孩也更喜欢玩会动的玩具，这些都说明了动态事物比静态事物更吸引人。

我们在进行联想的时候，就要尽量遵循动的原则，即使是不会动的物体，也要根据需要让它们动起来，就像动画片中的物体，所有的东西都具有生命力，都非常生动可爱。比如你上街要买铅笔、洗衣粉、苹果、鲜花这四样东西，你可以想象自己正在用铅笔画着美丽的鲜花，结果一只苹果飞了出来，把铅笔砸成了两截，苹果也掉到地上弄脏了，你只好拿了洗衣粉把它洗干净。又比如大山、鞭子、桌子三个词，可以想象鞭子把大山赶开，然后又把桌子抽成两半。这样就能在大脑中留下深刻的印象。

当然还要注意两点：第一，对物体的想象不能过于单一，不能都是飞或跑的，比如蜗牛、马、鸟三个词，就可以想象蜗牛在慢慢地爬、马在狂奔、鸟在天上飞，如果都想象成如苹果一般砸来，就容易产生混淆，各自的独立性和个性不强；第二，有动也有静，比如骏马、鲜花、大山三个词，可以想象成一幅优美的画面——一匹骏马在一座静静的大山脚下的鲜花丛中奔跑。这样既使大脑接受的信息不会单调，又有了赏心悦目的美丽画卷。

2. 借代法

借代法就是根据实际需要，在记忆过程中，使要记忆的物体取代另一种物体，造成一种不合常规或是滑稽的画面的一种联想方法。

在借代法中，甲可变成乙的部分，乙也可完全充当甲的角色，形成一幅幅鲜明新奇的画面。但在记忆过程中，被借代的物体最好与原物体在外形、性质或声音等方面有一定的类似性。例如记忆火车、茶杯、大米三个词，就可以把茶杯替代成为火车的车轮，想象一辆满载大米的火车正在奔驰，车厢下像茶杯一样的火车轮正在不停地旋转，推动火车滚滚向前。在这里，如果把大米想象成车轮就不太合适了，因为毕竟茶杯是圆形的，只有它与火车轮的形状更为相似，所以把它想象成车轮才更容易记住。

3. 夸张法

夸张法要求我们在记忆事物时，要针对事物的外形或性质进行夸大或缩小、增多或减少，达到奇特效果的方法。

例如酒瓶、堤坝、大船，可以把这个酒瓶想象得非常大，后来这个酒瓶倒了，里面流出的酒实在太多，把堤坝和大船都冲倒掀翻了。

以上介绍的便是奇特联想的三种基本方法，当然细分起来还不止这几种，这些都需要我们平时仔细地分析观察，并且依照书中列举的一些实例，灵活运用、多方结合，方能达到最佳效果。

（三）奇特联想法的实际应用

学以致用是我们的最终目的。我们应该记住，奇特联想法不仅仅是用来表演的，它更大的作用应该是服务于我们的学习，服务于我们的生活。下面我们就从生活、工作和学习三方面来介绍几个实际应用的范例。

1. 应用于生活中

帮你记住钥匙存放的位置。

日常生活中人们常常有丢三落四的现象，尤其是钥匙丢了，非常令人着急、沮丧。

假如你白天上班，由于工作关系，钥匙不方便带在身上，你把它放在办公桌的第一个抽屉里。你可以这样想象：

这把钥匙非常非常大，金光灿灿的，晚上下班要用它来打开宝库，非常重要，并且往抽屉里放时，你手上有一种沉甸甸的感觉，眼睛里所看到的钥匙也是金光灿灿的，它把桌子和抽屉都照亮了。

帮你记住上街时要采购的物品。

比如家里来了客人，我们要出去采购如下物品：毛巾、牙刷、糖果、豆腐干、西红柿、青椒、姜、葱、啤酒、洗涤灵、猪肉、鱼。一共 12 种物品。

下面我们可以通过联想来记住它们（你也可以试着说出更好的方法）：

早晨一起床，发现牙齿被糖果粘住了，连忙拿啤酒来漱漱口，糖还是粘在牙上，只好放了一点洗涤灵，然后又用牙刷来刷。刷着刷着，嘴里竟蹦出一条鱼来，我非常高兴，弄来葱姜把鱼煮了，又用豆腐干、青椒炒了个配菜，再切了一盘西红柿作为凉菜，美美地吃了一顿，然后用毛巾洗完脸，就出去买中午吃的猪肉了。

你看，不到一分钟就全记住了。

2. 应用于工作中

假如你是公司的办事员，明天一早去公司需办下面一些事：给客户王老板打一个电话，打印一份公司章程下发各分部，然后乘公共汽车去海洋大厦拿两张会议入场券，顺便买一些办公耗材回来。下午去复印总经理的大会发言稿，2 点钟接见一个客户，4 点去飞机场接王总。

这些都是一些小而烦琐的事，哪一件办不成，都会给工作带来不便。由此，我们可以抓住主干，理清次序，简明扼要地进行如下联想：

早晨刚要打电话（给王老板），却发现公司章程规定不让打（打印章程），刚想发火，却听轰的一声，原来海洋大厦倒了（暗示拿票），急忙过去趁火打劫，抢了一些办公耗材，却见里面夹着一张总经理的发言稿。这时，以前的一个客户跑过来说东西是他的，我不给，他就告诉我一个秘密作为交换：原来，王总下午 4 点要回来给我们发奖金，哈！

当然，工作中并不是全部东西都可用奇特联想法去记忆，但只要开动脑子，留心应用，还是可以给你很大帮助的。

3. 应用于学习中

著名文学家茅盾的主要作品有《子夜》《白杨礼赞》《林家铺子》《春蚕》

和《蚀》。我们运用奇特联想法可记成：

茅盾在《子夜》来到《林家铺子》去喂养他的《春蚕》，却发现《春蚕》蛀《蚀》了白杨树，忙写了一篇《白杨礼赞》来赞扬白杨树。

这时，我们的脑海中就应该浮现一部生动的小电影，背景是深夜，林荫道上全是白杨树，茅盾穿着长衫在灯下看春蚕蛀蚀白杨树。这样，茅盾的几篇代表作便可深深印入我们的脑海中了。并且用这样的方法来进行记忆，可使我们记得非常轻松，乐于去想，乐于去记。随着多次的复习再现，我们还可以逐渐扔掉联想这根拐棍，对熟记的材料脱口而出。

我们再来看一个例子。

我国的煤矿主要分布在：

开滦、峰峰、大同、阳泉、平顶山、抚顺、阜新、鸡西、鹤岗、淮南、淮北、六盘水。

你可以先自创一种联想法来记忆它们，然后再与本文介绍的方法做比较，看看各自的缺点在什么地方，以摸索联想的规律和经验。

示例：一只蜂（峰）提着大桶（同）去采蜜。它抚顺翅膀开始工作，过了一会儿，飞到平顶山上去休息，它一边用手捂心（阜新），一边观赏美景，只见鸡立西山，鹤翔岗上。过了一会儿，它突然看见淮南北的阳泉里有六盘水，赶忙飞去喝水。

二、数字记忆法

在我们的日常生活、工作和学习中，要经常与一些数字打交道，比如学生要记忆历史年代，营业员要记忆商店物品的价格，接线员要记忆电话号码，保管员要记忆物品库存……有时候，记忆这些数字是特别伤脑筋的，但当学完我们介绍的数字记忆法后，你就觉得记忆这些数字不仅非常简单，而且还很有乐趣，你甚至可以在晚会上来一个即兴的记忆表演，那时你也许会说："原来成为记忆大师是这么的简单！"

原理：

数字记忆法的原理与奇特记忆法是一样的，其秘诀就是把数字从抽象的符号变为生动的物象，把奇特的联想发挥到极致，而这些代用词组成的短句（或段）往往能表示一个生动易记的具体意义。这实际上就是为一堆相互之间毫无联系的数字编上一些代码，赋予其意义，使机械记忆转变为意义记忆的一种方法。

数字记忆法我们主要介绍两种数字的编码代用法：①谐音法；②字母法。

（一）谐音法

为需要记忆的材料寻找一个替代物（代码），而这个代码与要记忆的材料在读音上相同或相近，以便更好地为记忆服务，这种增强记忆的方法就叫作谐音法。

在学习谐音法之前，我们先来看一个记忆数字的范例。马克思生于1818年，逝世于1883年，我们可以这样来进行记忆：马克思一爬一爬就爬上了山。其中一爬一爬是1818的谐音，爬上山是83的谐音，并且这句话还很容易让我们联想到马克思正在爬山的场景，我想朋友们绝对是很难忘记的。

利用谐音法记忆数字，使数字间机械呆板的组合在刹那间变得富有生机，仿佛这些枯燥无味的数字被赋予了某种灵性和魔力，在你的大脑里欢喜跳跃、载歌载舞。并且在经过训练思考，联想出一个个巧妙和谐的代词（或词句）时，你的成就感也会油然而生。说到这里，我们要注意一下，在选择数字的谐音代词时一定要注意两点：

第一，尽量与原数字读音靠拢，越谐音越好，以避免数字太多出现混淆或代码对应出现困难；第二，代码所代表的物象意义要尽量做到奇特、鲜明、活泼，但最好前后意义有一定的主线联系贯穿。

下面，我们向大家推荐一组数字代码，供参考，要求读者朋友们在我们推荐的单组数字代码后面最少加入3个数字的谐音代码，并力求达到最佳效果，以便迅速训练和提高自己。

0—零、灵、铃、东、动

1—衣、依、倚、一、易
　　腰、要、药、舀、摇

2—而、儿、二、耳、饿

3—山、伞、衫、上、唱

4—是、死、视、吃、寺

5—吾、屋、卤、出、舞

6—柳、绣、溜、搂、楼

7—妻、栖、气、棋、漆

8—爸、发、拔、罚、趴

9—酒、救、旧、久、朽

（尤其要注意区分1和7、7和9两对数字，最好让它们有一定的规则，或养成固定的代码使用习惯。例如：谐音以声母为中心或以声调为中心。）

00—铃铃、东陵、邻近、拧紧……

01—拧腰、拎衣、冬衣、同意……
02—拎耳、领粮、栋梁、铃儿……
03—拎伞、零散、岭上、离骚……
04—凌志、领事、临死、冻死……
05—领舞、庆祝、动物、轻浮……
06—拎肉、领袖、领路、冻肉……
07—灵旗、动气、灵气、拎漆……
08—都发、您家、冬夏、淋巴……
09—动手、灵枢、拎酒、都有……

10—衣食、要领、医师、腰痛……
11—依依、栖息、试衣、意义……
12—依客、食量、鱼饵、施舍……
13—石山、衣衫、要伞、跳伞……
14—仪式、石狮、轶事、钥匙……
15—腰鼓、义务、药物、鹦鹉……
16—皮球、石榴、遗漏、衣袖……
17—石器、遗弃、小气、一齐……
18—要发、石瓦、衣架、摇把……
19—要求、汽酒、药酒、依旧……
20—耳屎、饿死、而是、爱您……

21—阿姨、恶意、而已、客气……
22—两耳、饿客、暗河、两侧……
23—梁山、乐山、暗娟、和尚……
24—饿死、乐事、暗室、粮食……
25—爱护、二胡、恶虎、呵护……
26—暗流、二流、耳油、岸柳……
27—爱妻、爱惜、耳机、两地……
28—恶霸、荷花、耳刮、饿啦……
29—二舅、按钮、两袖、哀求……

30—丧事、膳食、山石、长势……
31—苍蝇、上衣、山腰、善意……

32—长乐、善恶、常客、商量……

33—沧桑、上当、常常、上山……

34—山石、常事、丧失、蚕丝……

35—上午、山谷、善舞、仙姑……

36—山路、上流、长锈、想溜……

37—想起、丧妻、山鸡、丧气……

38—山花、伤疤、散发、长沙……

39—山口、长久、上袖、沾油……

40—司令、死尸、吃痛、日新……

41—诗意、示意、迟交、失忆……

42—发亮、四两、适量、思量……

43—死伤、痔疮、失散、瓷砖……

44—迟迟、逝世、私事、矢志……

45—事物、失误、瓷壶、师傅……

46—死路、思路、刺绣、死牛……

47—司机、死棋、死鸡、士气……

48—丝瓜、死马、丝袜、四化……

49—失手、死狗、持久、吃酒……

50—武林、鼓动、舞动、出行……

51—武艺、巫医、无意、苦矣……

52—无粮、姑娘、舞客、不饿……

53—舞场、抚扇、出山、午餐……

54—无事、出事、武士、舞狮……

55—污物、苦楚、葫芦、无误……

56—无路、吐露、湖柳、醋熘……

57—母鸡、福气、武器、忤逆……

58—苦瓜、伏法、物价、武大……

59—苦酒、无求、秃鹫、武友……

60—溜冰、柳林、求情、流动……

61—柳条、扭腰、求教、留意……

62—驴耳、流量、求见、留客……

63—流散、柳梢、流放、硫酸……

64—柳丝、律师、陋室、流逝……

65—露骨、豆腐、溜出、留住……

66—刘秀、流露、妞妞、绿豆……

67—救起、录取、油漆、臭棋……

68—绿袜、遛马、芦花、绣花……

69—溜走、琉球、留守、就酒……

70—机灵、吉林、麒麟、起动……

71—机要、鸡腰、起义、西医……

72—气量、伎俩、凄凉、妻儿……

73—机关、旗杆、气管、祁山……

74—妻室、旗帜、机智、骑士……

75—击鼓、起舞、凄楚、饥虎……

76—骑驴、骑牛、气流、歧路……

77—漆器、机器、奇迹、弃棋……

78—骑马、西瓜、击打、奇葩……

79—汽酒、洗手、旗手、起头……

80—嘉陵、发动、发情、百灵……

81—巴依、白蚁、把戏、马戏……

82—白面、白脸、怕饿、花儿……

83—爬山、坎上、发丧、摆扇……

84—怕死、宝石、发誓、马刺……

85—下湖、马虎、怕虎、骂侮……

86—八路、爬楼、拔柳、扒肉……

87—发妻、八旗、花旗、发起……

88—爸爸、妈妈、娃娃、麻花……

89—把酒、白酒、打手、哪有……

90—旧诗、旧铃、酒令、首领……

91—旧衣、就义、酒意、就要……

92—救儿、九两、酒客、揪耳……

93—旧扇、尊长、纠缠、修平……

94—修饰、旧事、救死、求实……

95—酒壶、修补、旧物、旧屋……

96—酒楼、九路、九牛、旧楼……

97—酒器、纠集、酒气、旧旗……

98—酒吧、舅妈、旧袜、酒花……

99—舅舅、救球、赳赳、旧友……

000—丁零零

0000—东欧眼镜

000000—六小龄童

以上列举的是0~100的数字的谐音代码，我们要求大家不要机械地死记硬背，要注意区分和联系，并且尽量寻找和发现适合自己使用习惯的代码，对于易混淆的数字代码要注意找到区分的规律，在勤思考、勤练习的基础上去掌握和记牢它们，并且要努力提高联想和回忆的速度。

（二） 应用实例

谐音法记忆数字掌握起来比较容易，且简单实用，尤其应用于记忆电话号码、历史年代等数字不太多的材料时，会有立竿见影的效果。

①卡塔尔：面积10 300平方公里，人口18万。

范例：卡尔要拎伞戴眼镜去计算一块地的面积，地上有一个人拿着个十字架。这时，脑海中一定要同时浮现出拎伞戴眼镜的动作和十字架的形象，并且包括马克思的形象（此处卡尔马克思代表卡塔尔），方能全部记牢。

②$\sqrt{2} = 1.41421356$

范例：衣食一事，尔要晌午后留言。

③$\sqrt{3} = 1.1732050$

范例：要一起商量，懂不懂？

④1644年清军入关。

范例：进入山海关的清军一路上像虱子一样多。

⑤公元前208年发生赤壁之战。

范例：曹操20万水军被烧怕。

⑥退休的老王家电话号码：41575497。

范例：老王失意后在医院哭泣，幸亏护士救起了他。

⑦红旗中学电话号码：67584510。

范例：红旗中学录取武大师傅去食堂做烧饼。

三、姓名相貌记忆法

"世界上最悦耳的音乐莫过于听到自己姓名的声音",这是引自内德鲁·卡内基的《使人感动》这本著作中的一句话。尊重别人人格的人,都力争记住见面人的风采和相貌,见过面的所有人的姓名,我们都可以力争去记住,这是人类存在的极普通的友好感情。并且在实际生活中,如果你希望别人记住你的姓名和面貌,就要努力记住人家的姓名和面貌。

生活交往需要记住姓名,工作学习要记住姓名,姓名是人们生活在社会里必需的一种专用符号,从早晨起床的"早上好",到临睡前一句温馨的"晚安",每天你都要与许多人打交道:父亲、母亲、妻儿、朋友、同事、熟人、生人、上级、下级……尤其是有的人由于工作特殊,每天需要接触的人都特别多,需要记忆大量的人的姓名和面貌。

例如:学校的老师要尽快熟知本班学生的情况;工厂的领导也要走访了解下级的工作状况;派出所的民警要了解自己管区的居民;公司的公关人员、业务人员都要记住大量客户的名字……

可以说,记忆人名相貌是与人沟通的第一步,甚至有时忘记他人的姓名相貌还会妨碍你事业的成功,成为人生的一个障碍。

因此,尽快掌握和提高人名及相貌的记忆技巧是非常重要的。

(一) 为什么有的人记不住人家的姓名和相貌

1. 根本不想记

有些人根本就没有记忆目的,也没有记忆准备,认为没必要认识对方。所以当听对方自我介绍时,心里可能在想别的事,或轻描淡写地应付几句,自然就记不住了。

2. 含糊其词,似知非知

在别人介绍对方,或对方自我介绍时,只顾态度上的热情,连声说"欢迎欢迎",可是对介绍的姓名没有给以足够的重视。说不知道吧,实在听过介绍;说知道吧,又实在叫不出来。就是因为在听介绍时没用心。

3. 高傲自大,自以为是

当认识别人时认为没有必要记忆,摆出一副不屑一顾的态度。所以即使问过人家的姓名,也没往心里去。只有缺乏道德修养的人才这么做,这是不尊重人的表现。

4. 脑神经细胞出现了某种抑制,使神经联系的接通一时发生困难,产生了暂时性遗忘

这样抑制可能是过于紧张，也可能是过于兴奋，或者过去的记忆不牢固，因而造成突然想不起人家的姓名，或只知其人，不知其名。这种现象最容易发生在久别后、邂逅时，或原来关系一般、交往太少的人们中间。

5. 人名是抽象的符号

大多数人的名字不容易在头脑中构成物象，再加上汉字同音的多，一般人又没有问别人姓名写法的习惯，所以印象难以深刻，自然会感到记忆困难了。

（二）记忆姓名相貌可从下面几方面入手

1. 开始时要硬记别人的姓名

以惊人的记忆力记别人姓名和相貌而闻名的人，并不需要用魔术手法和灵丹妙药。其奇妙之处在于采用比仓促意识性好些的方法。即使有人比别人记忆姓名和面貌快，那也不是天生的，而是后天锻炼获得的才能，他们是通过忠实地实施几个重要的心理法则而获得惊人的记忆力的。记不住别人的姓名和面貌的最大原因，是开始时就没有把人家的姓名和面貌强记在头脑中。了解别人姓名，实际上很多情况是无法预料或突然进行的。在某次聚会上对初次见面的人，往往不太注意听别人介绍姓名。最多也只是当他走后在嘴里自言自语地唠叨一下："是李明、李井，还是李进呢？"这时已经记不清楚了，如果再特地把别人喊住问一遍又觉得失礼。

另外，人一般不会把别人的姓名念出声来，听到别人的姓名以后，立即就在交谈中反复运用其姓名的情况极为少见。

2. 运用记忆的规律

①尽全力记忆别人的姓名和面貌。

②对于第一次见面或第一次听到的姓名，应尽量多注意。

③开动脑筋，仔细观察面部和头部一切明显的特征。把一切有明显特征的部位记在头脑中。

④反复了解。特别是在开始 5 分钟内，反复观察别人的面貌和记住姓名。

⑤尽量创造与姓名面貌有关联、生动而有趣的联想，并赋予它特殊意思。

⑥尽可能多了解别人的各种情况（个性、背景、职业等），了解的情况越多就越能创造出姓名和面貌的联想。

⑦要关心别人，亲切地对待别人，这是为了争取更多注意姓名和面貌的时间，以及创造更多的了解机会。

⑧把姓名和面貌与见到该人时的场所、时间及其他情况联系起来。即当

时还有什么人在场，是什么时候，在哪儿见到的等。

⑨在两三个小时内复习联想几次。

⑩在入睡前反复回忆这些联想，并写在人名和面貌记录本上。为使记忆保留，一周内用一二分钟来阅读一遍。

3. 仔细研究面貌

在姓名、面貌和个性上如有某种显眼的特征，就强调、夸大它，这样在回忆时就能起作用。提到吉田茂就联想起卷烟和白白的袜子；提到浅沼稻次郎，就联想起哑嗓子；提到已故的永井荷风就联想到小黑提包。

一般情况下，我们记忆事物比记人名和面貌容易。事物有着明确的意义，而人名和面貌没有具体意思。例如椅子是供人坐的。但几乎所有的姓名，除公司的上司、学校的教师或有直接关系的人以外，都没有任何意义。此外，姓名与面貌几乎没有任何关系。所以如果想记住某人的姓名就要给其加上明确的意义，再根据清晰的联想把他的姓名和意义结合起来。为了从面貌上找出某种意义，就要好好地研究面貌。如：张红是高鼻梁，李丽小姐有如鲜花般美丽的面貌。

4. 绕道回忆法

当希望回忆起某人的姓名时，过于苦思反而会使姓名模糊不清。这种情况下，围绕他的整个情况想一想便能想起。例如：假设遇到一个以前在一次结婚仪式上见过面的人，你就要将当时出席结婚仪式的场面一个接一个地联想出来，他姓名中固有的联想很快就会出现，接着在你心中会突然涌出他的姓名。

在下面两种情况下，哪种场合容易回忆？请考虑一下。

①你最初与某人在列车上见过面，这一次在海边见面。

②你最初与某人在列车上见过面，这一次又在列车上见面。

通常肯定是情况完全相同的容易回忆。

5. 相貌观察法

面部

首先是脸型，可分为圆形、方形、方长形、瓜子形、上小下大窝头形等。其次是脸色，包括赤红脸、黝黑脸、苍白脸、土黄脸、铁青脸等多种。最后是局部，如粗眉毛还是细眉毛；单眼皮还是双眼皮；三角眼还是杏核眼；高鼻梁还是塌鼻梁；厚嘴唇还是薄嘴唇；是否戴眼镜、镶金牙，有无粉刺、伤疤、雀斑等其他明显特征。

体态

首先是体型，可分为高大、矮小、粗壮、瘦弱、肥胖、畸形等多种，看

其是否有不同于一般人的地方。其次是服饰，对方是不修边幅，还是注意打扮；穿着随风就俗，还是不同凡响；服饰特殊在什么地方，是颜色，还是款式？最后是风度，对方是温文尔雅，还是傲慢粗野；是潇洒从容，还是谨小慎微；是落落大方，还是呆若木鸡……

语言

首先看表达能力：是学富五车，还是点墨全无；是侃侃直陈，还是吞吞吐吐；是堆金砌玉，还是词不达意；有无"口头语"……其次听声音：是洪亮，还是低沉；是庄重，还是委婉；是沙哑，还是咬舌……最后看其意识、情趣，一个人的思想倾向、政治态度、情绪、观点、爱好、特长等，都可以通过语言观察出来。

观察要有次序，特别要注意对方的独特之处，观察得越细致越好。然后把观察所得到的能代表对方特点的地方与对方的姓名、相貌紧紧联系起来，以巩固对他的记忆。

6. 姓名面貌记忆的几手"绝招"

物象归纳法

实物联想：柳琴、胡一节、刘铁。

地名联想：张长春、李湘江、王沈阳。

植物联想：白杨、周梅、张小菊。

动物联想：吴虎、金豹、赵铁牛。

拆字法

聂耳：把聂字上的"耳"拆下来。

李淼：淼字由三个水组成。

李师师、罗露露：名字叠音。

刘亦心：亦心二字由恋字拆开而成。

张长弓：名字由姓氏拆开。

谐音法

钱静：前进。

吴用：无用。

韩笑：含笑。

马峰：马蜂。

李惠红：你会红。

刘笑常：牛小肠。

寓意法

李时珍：为时代的珍宝。

常富贵：将来可以大富大贵。

奇特联想法

邓演达：瞪着眼睛回答。

黄宗羲：黄色的鬃毛很稀少。

姚蔚涛：摇着船在蔚蓝的波涛上。

杨韬奋：羊也会淘粪?

7. 相貌联想法

高大长——不管此人瘦小与否，均可把他的身材相貌按正比例拉长，脑海里浮现出又大又高的样子。

马雷——联想他骑马扔地雷的神气样。

对方脸长——联想他的脸慢慢变长，慢慢变形，最后竟跟马的脸一样。

对方姓苏，又长暴牙——可记成暴牙苏。

对方牙白脸黑——联想他张嘴笑时牙露出来，就像夜幕（指脸）被一道闪电撕开。

当然，以上的部分联想我们只能在头脑中进行，目的是促进记忆，不可昭之于众，取笑他人，以免伤了他人的人格。

8. 外国人名记忆范例

卓别林——坐扁你

别林斯基——别拎死鸡

达得洛夫——大头萝卜

马克波罗——马啃菠萝

·············

结束语

记忆姓名相貌是几乎每一天都要遇到的事。如果你想对接触过的人都做到"过目不忘"，那么请你现在就开始练习吧！从周围的姓名记起，在工作学习中试验，只要你认真练习，努力实践，用不了多久，就会卓有成效。

备忘录

下决心记住你初次见到的人的姓名和面貌，对第一次接触的人的姓名要格外集中注意力。

最初的 5 分钟左右把姓名反记忆数次。这样，以后回忆姓名、面貌时效

率倍增。

集中观察面部和头部。观察其突出的特征，将其特征与姓名结合起来联想。

给姓名和面貌附上清晰可见、生动有趣的联想，赋予特殊的意义，必须经常以一定时间间隔反复联想。

将姓名和面貌作为不同问题区别对待。从你的经验中选择对自己最合适的方法加以运用。

第三章　记忆的主人

第一节　注意对记忆的作用

注意不到或注意不够所导致的三个错误。

一、戈廷根实验

关于注意的不准确程度与记忆的关系，有一个非常有名的试验，名为"戈廷根实验"。关于这个实验，沃尔特·李普曼的《世论》这本书中做了介绍。他把一个由人扮演的罪犯给一个心理学家小组看，然后要求他们报告观察的情况。然而，就连专门从事客观调查的心理学家所写的报告也不相同。

"在心理学家开会的高潮中，突然门被打开，一个农民跑了进来，随后一个黑人握着手枪也追来，二人在房中扭打在一起。农民倒下了，黑人压在他身上开了枪。然后，二人冲出房间。"整个过程约 20 秒钟。当然，整个过程组织严密，预先拍好了照片，会议主持人当即要求各位学者写出详细的报告。结果如何呢？请看：提交给会议主持人的 40 份报告书，其中关于主要事实，错误率在 20% 以下的只有 1 篇，有 10 篇完全错误，根据想象臆造的报告竟有 10 篇之多。40 篇报告中仅有 6 篇准确地论述了整个过程。换句话说，即使是受过严格训练的观察家，也不能把看到的情况原原本本地报告出来，而报告了一些似乎看到的或者想象的内容。他们当时毫无记忆的意图，而是吃惊、痴呆和兴奋地看着事件的发生，不知不觉地就把事实按照自己的偏见重新描绘出来。在很多犯罪案件中，现场的目击者的证言总是各不相同，这一点通过戈廷根实验可以看出。实际上，即使一百个人观察同一事物，由于观察的角度不同、关心的内容不同、各人接受的方法不同，识记的方法肯定大不相同。每个人都有各自的看法，没有任何一个人与别人的看法完全相同。每个人都各有不同的兴趣、爱好和态度，所以观察方法各不相同。对于同一事物、同一情况，因观察者不同，甚至细节也各异。

二、失败的心算家

有一个著名的心算家，闻名全国，曾进行多次现场巡回表演。不管观众出多么复杂刁钻的题，都难不倒他。然而，有一位资深的心理学家听说后，当即前往心算家的住处，只出一个较简单的心算题目，便把他给难倒了。心理学家的题目是这样的：

有一辆满载旅客的列车，出站时车上共有 312 名乘客。后来列车到达一处车站，下去 18 人，上来 54 人；列车又到一站，下去 81 人，上来 44 人；列车又到一站，下去 23 人，上来 50 人；列车又到一站，下去 67 人，上来 35 人；火车继续往前开，到了下一站，下去 12 人，上来 9 人；接着列车又到一站，下去 5 人，上来 66 人；列车又到一站，下去 17 人，上来 24 人；列车又到一站，下去 78 人，上来 85 人；列车再到达一站，下去 94 人，上来 56 人；最后，列车到达了终点站。

心理学家刚把这段话快速地说完，心算家便马上把列车到达终点时的人数告诉心理学家，而且准确无误。然而心理学家却说："我不是问你到达终点的乘客是多少，我想问你列车在这期间一共停靠了几站？"这下心算家瞠目结舌，回答不上来了。想不到大名鼎鼎的心算家被这么简单的题给难住了。

聪明的心理学家一上门就先给心算家来了个障眼法，利用心算家习惯的心理定势，故意在表面上罗列了复杂的数字，使心算家把注意力放在上下车的乘客人数上，在整个实验过程中都集中精神去加减这一组数据，而对列车的到站毫无知觉，结果上了一个大当。

这说明，人的注意力在感知上具有一种无意识的选择作用。

在诸多事情上，人们往往根据自己的阅历经验、思维方式去感知新的事物，有一种想当然的味道。所以我们必须重视这种作用的存在，并且把它有意识地运用到实际的记忆中去，选择应该记忆的信息，对于无用的信息要采取一种"视而不见""充耳不闻"的态度。

三、自认为记忆力极差的人

有一次，美国有位著名的心理专家的办公室来了一位客人，这位客人说自己的记忆力很差，见过一个人后，第二次再见面时就不认得这个人了，为此要求心理专家给予治疗。心理专家经过一番了解发现了"病根"，原来这位客人不论遇到什么人，总是把注意力集中在对方的服装上，而对于其他方面却视而不见。这样，当第二次见面时，如果对方换了一套服装，当然就再也认不得了。找到病根，就可以对症下药，于是专家告诉这位客人，要她以后见到别人时不要去理会对方的服装，而要把注意力集中在对方的容貌和姓名上，并要求她"盯住"不放。经过一段时间的实践以后，这位自认为记忆力差的客人，记忆力果真渐渐好起来了，甚至能够达到对陌生人过目不忘的程度。

这则故事告诉我们，愈注意的事情，就会记得愈好，而且能经久不忘。因为注意是意识觉醒程度最高的部分，在这部分的对象的映象最清晰、最准确，而且还能调节人的心理活动，使其朝这个方向进行，从而使映象保持久远。上则故事里的那位客人起先是把对方的服装反映在她的意识觉醒的最高部分，而这部分的兴奋会对其余部分产生抑制作用，这样在她的记忆里保存的当然就只是对方的服装信息了。后来她听了专家的指导，把对方的容貌和姓名牢牢联系在一起，并让它们来占据意识的最佳部分，这样就避免了"过目不认人"的现象。所以，我们在识记过程中，必须要分清识记材料的主体与次要部分，努力把握材料本质，把注意力放到材料的决定性部分上面，抓牢不放，所谓"万变不离其宗"就是这个道理。

以上三个实例告诉我们，记忆不牢、记忆错误或很难记住，在很大程度上都是注意力不集中所造成的。

注意力如果不集中的话，人就很难把材料信息完整地输入到大脑中，即使偶尔全部进入，也无法自动进行深度的分析编码并存储起来，所以往往造成记忆模糊或再现错误的情况。

我们作为一名观察者，因为一种固定的思维模式（这也与我们平时所受的教育与生活经历息息相关）而往往对诸多事物都存在着某种成见和动机，为适合自己的一种心理上的无意识满足，对于某个事物会夸大其辞或者对未见部分有着想当然的情况。为此，认识对象，首先必须准确地观察事物的本质，为加深印象，还必须要带着记忆的意图进行观察。如果有记忆的意图就能仔细深入观察，任何事物都可以记住。观察不到或观察不准确的事物，当然不可能完全、准确记住。

有人对学生的听课情况做过一番研究，发现有三种情况。一种情况是把90%的注意力放在听课记录上，这种记录实际上只是一种短时记忆，随记随忘。经过测验发现，这类学生对很多问题既没有理解，也没有记忆。第二种情况是用50%的注意力做记录，另外50%的注意力集中听新材料。经过测验发现，这类学生对教师讲解的题理解得比较好，记得的内容也多。第三种情况是用90%的注意力来理解新课，只用10%的注意力做些必要的记录，测验发现，这类学生理解最好，但记忆的材料不一定比第二类学生多。这则研究说明，学习要记忆材料，而材料的记忆离不开注意力。可以说注意力是记忆

的函数，注意力越集中，记忆就越好。

法国古生物学家乔治·居维叶说："天才，首先是注意力。"

第二节　怎样提高和锻炼自己的注意力

一、要尽量稳定自己的注意力

注意分散是记忆的大敌。使注意力能稳定地集中在记忆对象上，就能极大地提高记忆效率。为此要锻炼自己集中注意的能力。在《世说新语》里载有一则"管宁割席"的故事，说的是管宁和华歆同窗，有一次他们一起坐在席上读书，恰巧有一位达官贵人坐着华丽的车子从门前经过。管宁读书如故，华歆却放下书本跑去看。管宁把席子一割为二，称华歆不再是自己的朋友，他不愿意与心猿意马的人做朋友。这当然有些过分，但也说明管宁十分重视能集中注意的品质。毛泽东在青少年时代就曾在城门口读书，以锻炼注意力集中的能力；据说李政道少年时能在嘈杂的茶馆里看书；俄国作家契诃夫年轻时能在莫斯科临街住宅的窗台上写作。

如果记忆材料比较单调，要把注意力较长时间集中在这样的对象上就会有困难，这时就要加深对记忆任务的重要性的认识，加强意志努力，以积极的态度来对待，并伴以活跃的思维活动，这样注意力就容易稳定了。

用兴趣来帮助集中注意力

用兴趣来帮助集中注意力，是从内心对学习产生浓厚的兴趣。如果从内心对外语单词或某人物没有兴趣，就必须努力培养新的兴趣，发挥想象力找到对已遗忘了的单词和人物的兴趣。我们通常对最感兴趣的东西记得最牢固，这是因为有了充分的注意力。因此，对于想记住的东西，必须设法引起兴趣。对没兴趣的事物要集中注意力确实比较困难，但是对于没兴趣的事物可以通过将它与它周围有趣的事物联系，使自己变得对它感兴趣。内容越有趣，目的越明确，注意力就越容易集中。因此，必须不断强调记忆的目的。

回忆一下我们的经历，很多情况下由于不感兴趣，无论你多么想集中注意力都无法做到，结果常常是印象模糊。我们无法集中注意力是由于对它没有很大的兴趣，对于要学习的东西、观念及见过面的人不感兴趣时，必须要自己创造兴趣。

注意力很容易受别的事物的影响，为了要对某一事物加强注意，特别需要意志的努力。假若碰到某个单词，集中全部注意力就不会忘记该单词的意思及拼写法，你如果对辛亥革命感兴趣，那么对辛亥革命时很活跃的人物的姓名一定会记得很牢。

二、逐步锻炼注意分配的能力

注意分配的能力就是指我们在学习和生活中具有的一心二用的能力。这种能力可以很好地帮助我们学习，提高学习记忆的效率。如学习中有些"一心二用"的同学，学习笔记记得非常熟练，可以一边记笔记，一边理解老师讲课的内容，两边都不耽误；而听讲或记笔记慢的人在课堂上就会忙得不亦乐乎，从而大大影响学习的效果。又如有些女同志，可以一边织毛衣一边聊天或者看电视，这是因为她们的这种能力（相对于织毛衣的特定范围）已经非常强了，织毛衣的活动对她们而言只是一种不需分配注意力的"自动化"的任务。

有些人具有很强的注意分配能力，例如列宁，他可以同时听人发言、主持会议、研究材料和就某些问题给人民委员会写便函等。

三、要善于调节记忆的紧张性

如果长时间高度集中注意，就会引起注意紧张，越紧张地加强注意，注意的范围就越小。在这个范围内能最清晰地反映对象，而且记忆牢固。虽然提高了工作和学习的效率，但是这种高度紧张的注意，会引起疲劳而使注意分散。因此，在生活中要调节注意的紧张度。例如，对一个飞行员来说，在战斗中要根据作战任务经常保持紧张的注意，但是飞机在一般平飞状态中，飞行员就可以适当地减弱注意强度，以避免由于经常处于紧张状态，身体过快地发生疲劳。有些需要高度紧张注意的工作，就要注意劳逸结合。

第四章　记忆测试与训练

第一节　记忆特性测试

一、测试你的记忆力和记忆类型

测试目的：了解你的记忆力和记忆类型，便于学习记忆时能够扬长避短，并通过针对性的训练不断提高自己的记忆力。

测验准备：首先拟定一位忠实严格的监考老师，再准备一只计时器，然后把书本交给监考老师即可。

测试1　视觉记忆测验

请将下页翻开给被测试者看，并告之图上有 20 件物品，让他用眼睛看，然后尽力记住。3 分钟以后，把书合上，然后给被测者一张纸、一支笔，让他把能回忆起来的物品的名称写在纸上，不一定按顺序。

对照图记下测验的成绩。

其中：

16～20 件为优秀；

13～15 件为良好；

10～12 件为一般。

测试图

测试 2　听觉记忆测验

请监考老师以稍慢的速度给被测者大声朗读下面的 10 个词（两遍）：李得利、白云、小王、酒瓶、洗衣机、张明松、桂花、虚伪、科技、359。读完后休息 10 秒钟，让被测者把听到的 10 个词写在纸上，然后记下被测者的成绩。

其中：

8~9 项为优秀；

6~7 项为良好；

4~5 项为一般。

测试 3　朗读记忆测验

请监考老师把下面 10 个词语写在一张白纸上：照相机、BCF、书本、雨伞、剪刀、眼睛、725、沙发、思想、灯泡。然后把纸交给被测者，让被测者以中等稍慢的速度大声朗读两遍，再休息 10 秒钟，把能回忆起来的词写在纸上，记下成绩。

其中：

8~9 项为优秀；

6~7 项为良好；

4~5 项为一般。

测试 4　综合记忆测试

这次请监考老师准备好 10 件小物品（10 件物品之间的关联性最好不要太大），然后与被测者面对面坐下，把准备好的小物品依次拿出来给被测者看，同时让被测者高声念出物品的名称。然后休息 1 分钟，请被测者背出刚才展示过的物品，记下被测者的成绩。

其中：

9~10 件为优秀；

7~8 件为良好；

5~6 件为一般。

通过以上 4 个简单的记忆小测验，可以大致测出您的哪一种感觉记忆较发达，记忆习惯哪点强、哪点弱。当然，其中也会有些误差，最好多测验几次，得出平均值，这样的结果才最接近于你真实的记忆水平。

二、记忆广度的实验

测试目的：测定短时记忆的广度。

测试材料：3 组 3~12 位数的阿拉伯数字表。

测试方法：由测试者向被测者口述数字表上的每一组数字，每个数字的呈现时间间隔为 1 秒钟，一般可以从 4 位数做起，年幼者可以从 3 位数做起，年长者可以从 5 位数做起，逐步用较长的数字表（见下表）。

例如：当被测者通过 5 位数的数字表测试后，就用 6 位数的数字表进行测验，当被测者对某一长度的数字表不能记住时，再测试下两个长度的数字表。如：被测者对 6 位数的数字表没能通过，再用 7 位数和 8 位数的数字表对被测者测试。规则是一组数字表不通过之后，再做另一组数字表。所谓通过或不通过，是指实验者每读完一组数字便随即要被测者按顺序复述这一组数字，每组数字复述无误就算通过，然后在记录表上记上相应的分数。

测验短时记忆广度用数字表

3 6 2

4 5 7 8

8 6 3 7 9

5 7 8 2 9 1

0 9 4 6 1 8 4

7 4 6 5 5 9 2 6

4 7 8 9 9 8 6 5 8

2 5 4 7 5 1 0 9 4 2

9 8 8 7 4 4 6 9 1 9 7

0 8 4 2 6 5 8 9 7 2 1 8

8 3 7

2 8 5 7

2 7 5 7 6

9 8 7 1 4 8

1 9 4 7 6 0 3

8 6 7 6 3 9 9 2

7 9 3 7 6 4 8 3 0

2 8 5 7 6 5 4 9 9 3

9 7 6 6 7 8 2 3 2 3 6

5 6 7 8 3 2 4 6 5 7 4 5

7 8 9

1 5 3 2

2 8 4 5 6

1 8 5 4 8 7

0 9 8 7 5 7 8

8 5 6 3 1 1 5 3

828359674
4643178998
93651523068
560977164238

测试范例："××同志，今天请你来做个实验，叫作'数字跟读'。等一下我读几组数字，你要注意听，当我读完停下后，你把听到的数字读出来。现在先练习一下：2、5、6、8，请跟读。这样要求明白吗？我们开始。"

评分：被测者通过一个数字表给1/3分，如果被测定对5和5以下的数字表全部通过，就给5分作为基础。如果被测者对于6位数的数字表只成功一次，并且以后各次（即7位和8位数）数字表的测验也没有通过，那么这个被测者的总成绩就是 $5\frac{1}{3}$ 分。

为了便于进行结果处理和运算，把每1/3分当成1分来计算，如成绩是 $5\frac{1}{3}$ 即为16分（即 $5\frac{1}{3} \times 3 = 16$）。

三、记忆速度的测试

测试目的：测定识记的速度。

测试材料："按形填数"图。

测试方法：可集体或个别进行。给每个被测者发一张"按形填数"图纸，先让他们用15秒时间看图纸第一行的5个图形，并记住每个图形的相应数字。15秒钟后被测者就可以用笔在每个图形上写下相应的数字，要按顺序从左到右一个个填写，不能跳着填。

测试范例："今天请你（们）来做个'按形填数'的测试，要求你（们）给不同的图形填上一个规定的数字。请看第一行，'井'里填1，'○'里填2，……给你（们）1~5秒时间记住第一行中图形里的数字，然后我喊'预备——开始！'就开始填写。填写时一定要按顺序，从左到右一个个填写，不能跳着填。我喊'停'就停止填写。现在开始记这些图形里的数字，15秒后正式开始填写。"

评分：每填对一个给0.1分，填错的或没填的不给分。

记忆速度测试材料

四、图片再认

测试目的：测试再认的准确性。

测试材料：20张不同的彩色图片，图片上的图形差别不要太大，每10张为一套。

测试方法：实验个别进行。先让被测试者看第一套10张图片，按次序一张张呈现，每张呈现时间为1秒钟，要求记住。然后把第一套10张图片和被测试者没有看过的第二套10张图片混合在一起，并平摊在桌子上，要求被测试者把刚才看过的10张图片找出来，把结果写在记录表上。

测试范例："现在我要让你看10张图片，请你把它记住。看完后再给你看20张图片，请你把刚才看过的10张图片找出来。"

评分：记分方法是（对的-错的）÷N.

N=20张（包括10张看过的和10张没看过的图片）

对的：包括把原来看过的图片说成看过的，把原来没看过的图片说成是没看过的。

错的：包括把原来看过的图片说成没看过，没看过的图片说成看过的。

五、长时记忆的测试

测试目的： 测定记忆的持久性。

测试材料： 用50个无意义联系的汉字。

测试方法： 测试可集体进行，也可个别进行。发给每人一张识字卡，上面写有50个无意义联系的汉字，要求在10分钟内记住。然后收回卡片，发给每人一张白纸，要求在5分钟内把刚才识记的50个汉字写出来。再发认识过的卡片，让每个被测者对照一下错的地方，再用5分钟时间，要求被测试者把没有记住的字记住，直到每个汉字都记住为止。一周后，出其不意地要求被测试者回忆识记的这50个汉字（次序不要求，只要把记住的汉字写出即可），并作好记录。

长时记忆50个汉字

面	祝	月	法	学	地	厂	边	山	手
草	风	包	车	树	电	黑	衣	打	民
话	多	新	白	红	田	口	是	水	土
花	士	马	头	机	党	志	书	河	日
大	黄	园	叫	过	好	气	国	人	力

测试范例： "现在发给你（们）一张识字卡片，给你（们）10分钟时间，要求把卡片上的50个汉字记住。10分钟后我把卡片收回，发给你（们）每人一张纸，要求你（们）把识记的50个汉字写出来，写完后我再把卡片交给你（们）对照一下，看错了哪几个字，然后再把错的字记住。"

评分： 一周后每记对一个汉字记0.2分。

为了使测试的各项数据有个比较，我们提供一份用上述4个项目对一千多名7~14岁儿童测试的平均成绩表，你可以比较一下，你的测试成绩高于还是低于这个平均值，或是跟它一样。见下表。

7~14岁儿童记忆4个测试项目的平均成绩

年龄组	记忆广度	识记速度	图片再认	长时记忆	记忆总成绩
7 岁	6. 09	2. 52	2. 61	1. 90	12. 94
8 岁	7. 37	3. 83	4. 92	3. 42	20. 07
9 岁	8. 02	4. 51	5. 69	3. 97	22. 64
10 岁	8. 15	4. 46	5. 80	5. 36	23. 66
11 岁	8, 13	5. 57	6. 18	5. 16	24. 62
12 岁	7. 60	3. 91	6. 24	7. 05	24, 51
13 岁	7. 70	4. 82	5. 45	7. 25	23. 79
14 岁	8. 81	5. 90	6. 68	6. 43	25. 21

第二节　记忆能力训练

一、有效增加记忆注意力的许特尔图表训练法

许特尔图表指一张 20cm×20cm 的小方格，在每个小方格里无顺序地填上阿拉伯数字 1~25，要求训练者依照 1~25 的顺序边读边指出它们的位置。要求集中注意力，以最快速度找出来。

正常的 7~8 岁儿童寻找每张图表上的数需要 30~50 秒，平均为 40~42 秒。正常成年人看一张图表的时间大约是 25~30 秒，有些人可以缩短到 11~12 秒，极个别的人只需要 7~8 秒。在情绪稳定、身体健康、不疲劳的正常情况下，人在每张图表上所用的时间几乎是相同的。如果时间增多了，说明疲劳了。如果不按时间完成，而且每张图表所用的时间和完成的情况都有很大差别，那就是一种异样的情况，应该引起重视。如果你用这套图表坚持每天练习一遍，那么你的注意力，包括速度、范围、辨别力、稳定性，以及视觉定向搜索运动的速度等都会得到提高。

一组许特尔图表（共 10 张）

7	24	5	9	3
2	12	1	18	23
17	19	6	13	16
20	4	14	21	11
10	15	25	8	22

8	24	6	9	13
10	2	1	18	4
17	19	5	3	14
22	23	16	7	11
12	15	25	21	20

4	24	17	9	19
22	12	1	18	23
10	3	8	13	2
20	7	14	21	11
5	15	25	6	16

14	24	16	9	10
22	21	1	19	12
15	3	8	13	12
23	7	17	4	11
5	18	25	6	20

23	16	7	9	19
22	12	1	5	10
2	3	21	13	20
8	24	14	4	11
17	15	18	6	25

4	5	17	10	7
19	23	1	22	24
8	11	18	13	2
20	16	14	21	3
9	15	25	6	12

17	24	15	9	19
23	12	1	14	20
11	3	4	13	2
16	7	18	21	12
5	10	25	6	8

2	24	6	10	19
22	21	17	18	23
5	3	1	13	12
20	25	14	8	11
4	15	7	9	16

3	24	2	9	4
22	6	12	13	23
16	18	17	19	15
11	7	14	21	1
5	8	25	10	20

4	15	3	23	9
5	12	1	18	2
13	24	6	22	22
11	7	14	21	10
8	19	25	17	26

二、机械记忆法与奇特记忆法训练范例

请运用机械记忆法和专项记忆法记住下面圆周率小数点后面的 100 位数字：

3. 1415926535897932384626433832795028841971693993751058209749445923078164062862089986280348253421170679

要求：有独创性，不能使用书上范例中的方法。

成绩评估：30 分钟左右为优良，40 分钟为一般。

三、意义记忆法训练范例

①背诵下面这首诗，可用形象记忆来背诵，先弄清诗意，然后据此在大脑中联想：

江口有一个渔民的家，潮水都打到柴门上了。行人想去投宿可家里没有人，四处一看，竹林深处有通向村中的小路。月亮已经升起来，江上渔船已经很少，远远看见主人沿着沙岸回来了，春风吹着他的蓑衣微微抖动呢。

如果你能在头脑中想象出上面那些清楚的形象，你很快就能背熟下面这首诗。

夜到渔家

张籍

渔家在江口，潮水入柴扉。

行客欲投宿，主人犹未归。

竹深村路远，月出钓船稀。

遥见寻沙岸，春风动草衣。

②下面进行一个意义记忆中的追溯联想训练：请您随便拿一样东西，然后根据制作材料，进行追溯联想。

例如：拿一本书，可以联想——书是纸印的，纸是造纸厂造的，造纸以木材为原料，木材来源于森林，是由人伐倒的……

还可以更细一些联想。看究竟能追溯到何种程度。

注意：追溯联想过程中一定不要被枝节问题所扰乱，必须集中注意力追溯联想，这样才能锻炼注意力。你可以在业余课后经常做这种练习。

四、记忆中的观察与注意力训练范例

仔细阅读下面的一段文字，然后回答问题，注意只能看一分钟。

三月六日，在松去城附近，一列驶向仓为的火车发生脱轨事故。在这列火车的三十八节车皮中，有六节车皮柴油和十八车皮白酒，两节四十立方米的柴油车皮和四节白酒车皮受损，混在一起的柴油和酒流到铁路旁的公路上，使一辆满载汽油的八吨大卡车滑到沟里，幸亏无人受重伤，只有卡车司机有点轻度撞伤。

看完后，请回答下面的问题：
①货车开往何处？
②装白酒的车皮多还是装柴油的车皮多？
③有几节装白酒的车皮受损？
④流掉的白酒比柴油多，还是相反？
⑤总共有几节车皮？
⑥车祸是在当天的什么时间发生的？

正常地讲，一般对以上问题都应答对四个以上，如果达不到四个，说明您的观察力、注意力都需要锻炼。

五、意义记忆法中分析、归纳能力训练范例

集中注意力读一遍英国心理学家詹姆斯写的这段文章，读完后合上书，用自己的话归纳一下并写在纸上。这段引用文比较难，但内容可接章节说明：

对于一件事，在头脑中越与其他事物联想，我们就越能清晰地把它记在头脑中，联想是将事物记在心中的挂钩，当一个事物隐藏在内心深处时，联想便是钩起这个事物的手段。这样，"好的记忆奥秘"取决于我们对心中的事物能做出多大程度的联想。

对于一件事，为了尽量多做出联想，要尽量围绕这件事多加思索。简单地说，如一个人有自己的经历，并把这些经历结合在相互关联的关系中，那么他的记忆力就好，这种事例在我们周围可以信手拈来。一般的人对于与自己职业有关的事物记得牢。那些不善于读书的运动员，对于自己的运动记录确实记得牢，甚至会使你感到吃惊，他们称得上是一部体育记录的活辞典。这是因为运动员把这些事物放在头脑中一个一个不断地进行比较，从而形成了一个连贯的概念系列，所以能长久地使其扎根在心上。同样，一个商人对价格记得很牢，一个政治家对于其他政治家的演说、股票张数记得极其详细。

这确实使外行人感到吃惊，但只要了解他们对于这些是如何联想的，那就不难理解。每件事都肯定以某种关系与其他事物相关联。因此，如果打算记住一件事，就必须把该事与其他事联系起来记忆。这样，该事就可根据与其他事的潜在关联保留在心中，这种情况下十之八九不会忘掉。"

再次把前面这段文章快速阅读一遍。一边读一边尽量记住每项内容，读完之后回答下列问题。

①一件事在头脑中越与其他事物联系，我们就越能记住。（正、误）

②对与自己职业有关的事情，一般的人记忆力差。（正、误）

③如果我们想记住自己经历的事情，不要与其他的事情联系起来，杂乱无章地去记会好些。（正、误）

④用数字字母表法的目的在于记忆数字。（正、误）

⑤运动员能记住运动记录，是因为这些记录与他毫不相关。（正、误）

⑥好的记忆奥秘就是指对于想留在心中的事物能进行大的联想。（正、误）

⑦不能进行逻辑性联想时，人工联想就会起作用。（正、误）

⑧两个具有同等能力、同等经历的人，若其中一个人能把自己经历过的事情编成有意义的整体内容，那么他的记忆力就好。（正、误）

⑨在时间上印象越近，我们就记得越牢。（正、误）

⑩以前的印象和经历的事越重要就越能记得牢。（正、误）

答案：
①正；②误；③误；④正；⑤误；⑥正；⑦正；⑧正；⑨正；⑩正。
记忆测验的成绩标准：能准确记住 9 个或 10 个为优秀；7 个或 8 个为良好；4 个或 5 个为一般。

第五章　心理环境的调节

第一节　要有一定能记住的信心

　　一般的人总认为自己记忆力差，这样不知不觉地自己就削弱了记忆力，于是记忆力就减退。陷入这种消极的态度中，将会给自己的记忆带来障碍，你就会经常遗忘。假若你是一名要报考学校的人，那肯定会落第，但是相反，假若你下定决心去记，又确信一定能记住，那么你的记忆力就会大大增强。

　　英国著名随笔作家任马斯·德·昆西强调对自己的记忆力具有信心的重要性时指出："记忆力随任务的增多而增强。要有信心，那就可以完成任务。"你如果试行这条简单的哲理也许会感到：原来如此，这确实有效果。

　　人们常说："这个世界是由信心创造出来的。"这话不假，力量是成功之母，信心是力量的源泉。一旦有了坚定持久的信心，人就能爆发出巨大的、不可思议的力量。这就是心理学上常讲的"自我暗示"。"自我暗示"朝向正面，成功就非你莫属，常言道"坚定的信心能使人拼命"，说的就是这个道理。一个具有非凡记忆的人，就一定具有能记住的信心，能轻松地发挥记忆力的作用。相反，一个不坚定的人往往会记忆不足。

　　你自己的态度既能帮助你记忆，也能妨碍你记忆。例如："别人说的话完全记不住。"这种态度实际上就妨碍你的记忆，消极的态度本身就是问题。

　　手拿讲稿的演说家实际上并不是在演说，而是宣读论文。假如耶稣一边念原稿一边进行山上的垂训，也许没有任何人听。你必须从内心相信"我一定能记住"，这样自然就会记住，这种信心是成功与自我暗示所促成的。如果这样做，你的即席致词一定会得到全场认可。日本有句谚语"一事通，万事通。"请务必养成经常运用本书各章叙述的记忆规律的习惯，这样的话肯定会顺利增强记忆力。

　　从现在开始，坚信——我必胜！

第二节　怎样培养你的自信心

对于我们会做的事、能够做得来的事我们都有信心，这是必然的，大家都有体会。因为我们对曾经做过的事心里有底，成功使人增加信心。当你面对需要记忆的课程时，首先一定不要有畏难情绪，要从大处着眼，从小处着手，从实际出发，先记一小部分材料。比如记外语单词，先学 5 个，用心去记，反复几次谁都能记住，测验一下发现自己能得满分就是一个小小的成功。每取得一次好成绩，就会增加一点信心。先能记住 5 个单词，再增加到记 10 个，循序渐进地使自己获得成功。培养信心的同时也要注意记忆方法，遵循记忆规律去学习，这样就容易取得好成绩。对于记住的东西要及时复习，这样才能越记越多，不至于像熊瞎子掰苞米，掰一穗、丢一穗。只要你有一次考试获得成功，就能大大增强自信心和自尊心。

培养信心还有一个方法，那就是回忆过去成功的经验。

每天入睡以前用 5~10 分钟时间做这种练习，比如："上小学时，我用一天时间就背下来全班同学的名字。""有一次复习外语，我把书里的单词都背下来了，结果考试得了 100 分。"也可以回忆微小的成功："明天的电视节目预告我都记住了。""昨天我背了二十个单词，一个也没错。"只要是成功的事，就会坚定我们的信心，从而理出最有成效的头绪来，不知不觉增强自己的记忆力和注意力。反复练习一段时间以后，在考试前你可用 1~2 分钟来稳定情绪，在头脑中浮现出成功的经验来，然后想到"上次我就记得很好，这次也一定能记住"。这样，你就会有条不紊地提取你记住的知识，很少出现想不出来的现象。

第三节　要有记忆的意图

为加强记忆力过分讲究记忆技巧而忘记常识也是不可取的。在这里提出"意图"这一问题。如果你想要回忆某个单词，却发现自己忘得一干二净怎么想也想不起来，真正的原因是你当初没有想要记住的意图。回想一下，以前学习英语是以什么样的态度和意图记单词的呢？例如，在学习语法、记关系代词时，一般总是注意翻译的意思或关系代词前有无句号区别，而没有准备去记住它前后有什么单词。同样，在为提高英语阅读能力而学习时，也过于

注意如何翻译，而没有注意每个单词，有时甚至不想去考虑每个单词的意思，只想把别人翻译的文章完完整整地记住并用来对照自己学习的文章。

用这样的方法学习，无论能背诵多长的文章，你的记忆力也得不到一点提高，因为这样完全违背了心理学上的记忆规律。

要记住某个单词，首先必须对它产生印象，在心中做个记号，这就是前面叙述的"识记"或"留下痕迹"。当你忘却某个单词或某个事物时，首先请你想一想你在接触该单词或该事物时记忆的意图是什么？记忆的意图很重要，因为要增强记忆力，必须先有一个明确强烈的意图。记忆别人的面貌和姓名的方法在任何学校的课程中都没有，也不是学习的内容。一般人如果没有思考记忆的意图，也就容易忘却别人的姓名和面貌。著名教育心理学教授桑代克做了几次实验，测试了记忆的意图对记忆效果的作用。他在一次实验中，命令第一小组的学生仅仅写一连串单词和数列；命令第二小组不仅要写单词和数列，而且要记住。结果哪个小组成绩好呢？当然是第二小组，这一点你也许已经想到了。桑代克教授的实验结果，我们从日常经历中也可以体会到。发生某件事时，如果努力使之留在心中就能记住它。感情好的夫妇总是不会忘记结婚纪念日。

第四节　兴趣是记忆最好的老师

大家都有这样的生活体验：对于感兴趣的事物很容易记住，并且记忆也牢固；对于不感兴趣的事就容易忘掉。我们中的大多数人即使是第一次听到love（爱）这个单词，都会一下子就把它记住。再比如另外一些内容，像目前流行什么歌曲，自己偏爱的明星的代表作及个人生活隐私，我们都能记得一清二楚。老师布置下课后要完成的任务也许会遗忘，但和恋人约会的日期、时间、地点及第一次接吻的情形，极少有人忘记。

爱因斯坦曾经说过："兴趣是最好的老师。"

有了兴趣，学习的时候大脑会形成优势的兴奋灶，使你能排除干扰，专心致志，记得快、记得牢；有了兴趣，会使你不怕困难，百折不挠，不达目的不休止；有了兴趣，会使你以苦为乐，不知疲劳，越学兴致越高。更重要的是兴趣还常常会决定一个人的志向。有不少科学家、文学家，都是小时候对某一门学问产生了深厚的兴趣，确定了自己的志向，后来才做出了伟大的成就。有的学生记不住英国文学史中的作品名称或作家姓名，可是却能十分准确地记住英语的 Old Black Joe 或 Yor are my sunshine 的歌词。

对于旅行的记忆，因兴趣不同，记忆效果大不一样。下面的故事就是很好的例证。

有两个人休假结束由山上回来，一位朋友问他们二人山上怎样。一个人详细描述了山上的美丽风景，另一个人则热衷于大谈吃喝。就是说，第一个人对风景感兴趣，第二个人对吃喝感兴趣，两个人对自己感兴趣的东西记得都特别清楚。

现在剖析一下自己，再思考一下为什么有些事比另一些事记得牢。读到本章时，你一定会察觉到运用记忆规律对以前各章的记忆效果就好些，反之记忆效果就差。这条规律是对感兴趣的事物比不感兴趣的事物记得牢。

有位商人说："我老是记不住别人的姓名和面貌。"但他却能很快说出多数股票的价格，或从头到尾说出电影的情节，使人大为吃惊。有些事能记住，有些事则记不住，这是为什么呢？

孔子早在两千多年前就说过："知之者不如好之者，好之者不如乐之者。"凡是感兴趣的材料我们总是记得快一些，记得牢一些。所以，培养浓厚的学习兴趣和强烈的求知欲很重要。有时我们对学习材料本身并不感兴趣，但间接兴趣也能调动记忆积极性。当然，最好是既有直接兴趣，又有间接兴趣，这样记忆任务就会变得轻松愉快，甚至会在不知不觉中把材料记。

第五节　怎样培养记忆的兴趣

一开始认定的好与坏并不一定是十分客观的。要知道苹果好不好吃，不能单凭主观印象，而是应耐着性子细细品尝，尝出了味道，你就会觉得很好吃。

读书也一样，背记英文单词枯燥无味，但是坚持下去，当你能试着把课本上的中文翻译成英语，或结结巴巴地用英语同外国人对话时，你对它就会有兴趣了。另外，我们还可以借助想象力创造兴趣，总比根本不感兴趣要好得多。感兴趣的对象容易记忆。因此，对于所有碰到的单词、事件、人物等，找出其中感兴趣的特点是增进记忆的良好方法。

比如，我们前面章节介绍的奇特联想记忆法里面就有着许多有趣的联想创造。有时你甚至可以把记忆材料当成一种"儿戏"，任意地去进行有趣的联想臆造，只要能达到记住的目的就可以了。

第六节　要在最佳的心理状态下进行记忆

心理学的实验表明：当人们处在心理状态较佳的时期时，识记的信息非常容易被输入和储存，而处于不好和有干扰的心理状态时，信息就不大容易被输入，甚至有时会抵触和破坏信息的输入。这就告诉我们在记忆的过程中要尽量保持最佳的心理状态。

我们都有这样的体会：读书时心情愉快就读得进去，效果也很好；心情欠佳，就难以读进去，效果极差，甚至半天也不知道自己看了些什么。即在"人逢喜事精神爽"的时候，记忆会变得特别清晰，而当人处在心情压抑，表现为一种沮丧的、消沉的心理状态时，应该能够回忆起的一些事情好像都想不起来了。高尔基在小说《在人间》里，对恬静舒适的心理状态提高各种心理机能（包括记忆机能）做了生动的描述："树林在我的心里引起了一种精神上安宁恬静的感觉，我的一切悲伤都消失在这种感觉里，不愉快的事统统忘掉。同时提高了我的感受性：我的听觉和视觉变得敏锐了，我的记忆力增强多了，我的头脑里储存印象的内容也增多了。"

有一个很好的心理学实验，实验者亨德森选择了十个人，要他们谈一生中发生的 100 件事。结果这十个人所记住的 100 件事分类如下：

55% 是愉快的事；

33% 是不愉快的事；

12% 是平凡的事。

约翰逊·塞缪尔博士指出，"毫无任何理由而突然踢你的迎面骨"的人，大概你决不会忘记吧！理由很简单，"踢"给你留下深刻的印象，这件事惹怒了你，使你大发雷霆。但是，如果对方给你的印象良好，你一定记忆得更好。如果对方是笨拙、不知趣的人，大概你很容易遗忘吧！因为他没给你留下任何印象。也就是说，你完全没有注意。弗里德克·威廉·尼奇先生指出，人总有想忘掉不愉快的事的倾向。他说："我的记忆提醒我说做了哪件事，我的自豪感则表示：'我决不会做那样的事。'最后是记忆不起作用了。"过失和失败容易忘记，就是这个原因。

达尔文说过，当他碰到与支持的学说有矛盾的事情就立即记录下来。这是因为如果不把它写下来很快就会忘掉。这一点是他亲身体验的。即使是伟大的生物学家达尔文，也不愿意听那些不愉快的话。此外，战后优秀的文学家兼敏锐的人类心理观察家太宰治曾说："物件的名称如果很贴切，即使不详细打听也会一目了然。我从我的皮肤上感知，直呆呆地盯着物件的词语就会逗引我的肌体发笑；名字不悦耳的植物，如'蓟'字，听后我的肌体任何反应也不会有。"

在各种各样的心理状态中，人的情绪状态和记忆效果的关系更为密切。有人做过这样的实验：先给被测试者记忆一组形容词。然后将他们分为 A、B、C、D、E、F 六个组。让 A 组被测试者阅读笑话书籍，以调整心理活动，驱散紧张的情绪；让 B 组背 3 位数的数字；让 C 组记忆无意义音节；让 D 组记忆与实验无关的一些形容词；让 E 组记忆实验用的形容词的反义词；让 F 组记忆实验用的形容词的同义词。等他们将这些作业全部完成以后，就请他们写出实验开始时记忆的形容词。结果是 A 组被测试者再现了 45%、B 组 37%、C 组 26%、D 组 22%、E 组 18%、F 组 12%。可见良好的情绪确实能提高记忆的效率。

第七节　如何调节不良的心理状态

过度兴奋、紧张或悲哀、忧伤的情绪，都不利于记忆。这时最好的办法是先让激动的情绪安宁下来，或者散散步、听听音乐、看看电影电视，让情绪恢复正常后再来进行记忆。有时觉得压抑感太重，还可以"放纵"一下自己，选择一项自己最喜欢做的事，如玩 2 小时电子游戏，买自己非常喜欢吃但又很昂贵的食品，或者跑到高处大叫一通，彻底地发泄和释放一次，然后再重新投入到学习工作中。

如果你的注意力不集中是因为遇到不如意的事情，一时无法解脱，在"尽量想开一些"的同时，最好的办法是适当地调整原来的读书计划和进展。

到了该读英文时，可改做你所喜欢的数学题；原打算看完 10 页书再喝咖啡，可改为只看 8 页。总之，若一味勉强自己按原计划去做，特别是做你不爱做的事，只会使你的心情更坏，收效更差。

在记忆过程中失误在所难免。如果一味地夸大失误，只会产生更大的挫败感和自卑的心理，使自己精神颓废，陷入恶性循环。这时候，你应该尽快冷静下来，耐心地找出失误的原因并采取相应的对策，不要一味地夸大失误，斥责自己，过分强调与之相关的某种缺点。你应当告诫自己："我只是偶尔犯错误，我还会做得更好的。"坚决把"我总是很慌张""我每次都看错题"中的"总是"和"每次"等字眼划掉，使"自我暗示"朝向正面，下次才不会犯同样的错误，这样才能心情舒畅，把失去的信心捡回来。

第八节　要有正确的记忆动机

记忆时记忆动机起着重要的作用。动机一般都有股带动你去记忆的强大力量，即驱动力。动机越强烈，记忆的意志也越强烈，因此能记住的材料也就会越多。一切学习和记忆的根本是要有良好的动机，如果没有十分强烈的动机和目的，即使你想记住某事也难以做到。想记住某事的动机越强烈越容易记住，有了明确的目的，便能更进一步加强动机，也就能大大地提高学习和记忆效率。因此，当你要记住某种特定的单词、事物、观念、姓名及面貌时，必须充分理解为什么要记住，并努力加强记忆动机。

有些学生记忆学习材料只是为了应付下节课老师的提问，或者只是为了对付考试。以这种态度来对待记忆，当然不可能长久地保持材料，等考完了，学的东西也就还给老师了。所以仅从记忆这个角度来说，也要教育学生对学习要有正确的动机和远大的目标。心理学进行过不少这类实验，如让甲、乙两组学生背诵同样的材料，对甲组学生说三天后检查，对乙组说隔两周检查，实际上两个组都在阅读材料后三周才进行检查，结果乙组的记忆力远远超过了甲组。这就是近期目的和远期目的影响了记忆的保持的体现。

第九节　要有明确的记忆目的

在现实生活中，有些东西你虽然天天接触，但是却对它没有记忆，因为你对这些东西没有记忆的需求。例如一个人常常回答不出他家的楼梯有多少组，手上戴的手表表面是什么花纹等。一件事要求保持记忆时间的长短和记忆效率也有关系。我们常会遇到这种情况：对于一个新的电话号码，当你打完电话时，这个电话号码也就忘掉了，以后再要拨这个电话又得查阅电话簿。这就是我们前面谈的短时记忆。但是这种短时记忆为什么不能转化为长时记忆呢？主要原因就在于根本没有人要求长时记住这个电话号码。

在记忆过程中明确自己的记忆目的是非常重要的。下面是记忆目的实验中的两种假设情况，如果被测试者是你，你会觉得在哪种情况下会记得比较快呢？

条件1：有大量的闲工夫，为了消磨时间每天读十章《英语会话入门》。

条件2：你是一个等着参加三星期后就业考试的大学生。你申请的公司是一个在纽约、伦敦、新加坡等地有子公司的大贸易公司。这次规定录取者有到海外出差的特权条件，因此会说英语的人会优先录取，所以在这三星期内你必须每天读十章《英语会话入门》，以备应考。

答案是不言而喻的。为了达到录取并可以海外出差的目标，你会产生强烈的记住《英语会话入门》的欲望。这样，你在下一步的学习记忆中效率特别高也就不奇怪了。

你乘坐别人的汽车兜过风吗？有过兜风经历的人很快就明白，坐公共汽车或电车去兜风与坐别人的车去兜风不同坐别人的车去兜风的人对到了什么地方、怎样行驶、道路如何等几乎完全记不住。这是为什么呢？因为这时你没有记忆道路的目的，或者即使有也非常淡薄。所以对到了什么地方、如何到的，也几乎不去注意，即使记住了景色或河川的名字也不会注意行驶当中的重要路标，或在什么地方拐弯、从第几条路向南走等。但是汽车司机肯定会记住道路，特别是走原路返回时更加明显。因为他与你不同，他有强烈的记忆目的。

学习时仅仅听老师讲课做笔记，或囫囵吞枣地记下公式、历史事件时，请你想一想这些东西对你有多大必要，有多少益处。在学校学的东西很快就遗忘了，这是因为你头脑中的意图仅仅是为通过考试而学习，学习的动机仅仅是为应付考试。由于缺乏积累知识的目的，大多数的人考试一过很快就会忘掉已学的东西。

记日记的习惯也是一样的。通常我们想养成写日记的习惯，但开始几天或一星期以后就渐渐懒散起来，或是缩短日记内容，或是隔一两天才记。然而，作家却不会丢掉写日记的习惯。我们对日记没有强烈的动机和目的，而作家却有多动笔这样一个明确的目的和尽量准确详细地记下日常经历的动机。这个动机驱使作家毫不懒惰地记日记。不仅动机不同，作家在写了日记以后还要记住，这对记忆很有好处。

此外，很多实验证明：有明确的受益目的比没有明确的受益目的记忆效果要好。在记忆时，以特别积极的意图去想这种记忆会为你带来多少利益、多少报酬也很有好处。

第十节　充满热情地去记忆

有位学者曾经这样说过："要牢牢记住你新学的知识，必须倾注你的全部感情。要像凝视你的初恋情人那样去看书，爱之越深，记之越牢。"比如，同

样是看一篇千字左右的短文，假如你对它感兴趣，倾注了十二分热情，全神贯注地看，并且在看的过程中，脑子里绝无半点杂念（当然，这样并不排斥边读边思考、边联想，以致触类旁通），完全沉浸在文章的艺术氛围之中。这样，当你读完全文后，脑子里就会有一个清晰、完整的印象。对文章中的独特见解、警句箴言也会过目不忘。这时倘若复述全文，那对文章的脉络，重要的论点、论据也能准确无误地把握。反之，假如读书时你脑子里还想着其他事情，心不在焉，那么读书的效果肯定不会好。因此，不论看什么东西，一定要排除杂念，聚精会神。

第六章　外部环境的调节

第一节　拥有适合记忆的个人天地

环境会制约和影响人的情绪和行为，也会直接影响到记忆的效果。平时要注意改变一下自己记忆所要处的环境，使它尽量适合自己的心理习惯，免受外界干扰。建立一个完全属于自己的心理"领地"，以使自己置入其中时可获得一份适然的安全感，以使我们的记忆过程顺利进行。

列宁曾说过："行动是人和环境的函数。"

这就是说，人的一切行动是由心理因素和生存环境共同决定的。中国人、日本人和美国人之所以有很大的差别，就在于生存的环境不同。而中国人同日本人，又比日本人同美国人的差别要小一些，因为他们同在亚洲的东部，具有共同的心理和文化。由此可见，环境对人的影响非常大。

记忆也是一种"行动"。除了人本身的条件外，环境对记忆的影响同样很重要。在这个意义上，我们说：记忆是人和环境的函数——记忆效率的高低取决于人和环境的配合程度。

书房里的天花板太低给人压迫感；气温太高令人昏昏沉沉；色彩暗淡让人紧张不安；客厅里传来嘈杂声使人心烦意乱……这些都是妨碍记忆的因素。了解这些因素对自己的影响，了解自己对环境的需求和适应能力，就能因势利导，为自己创造出一片良好的记忆天地。

比如说，目前你的书房能否让你完全集中精力？自己在书房中是否无论怎样努力都无法安心读书？答案如果是否定的，则不妨调整桌椅位置，改动照明设备，或将整个书房按自己喜欢的色彩和布局重新布置一番。

在集体宿舍、公共场所，假若你找不到一个安静的地方读书，就想想其他办法。比如找一个相对僻静的角落，遮一遮周围强烈的光线，或干脆弄点儿棉花把耳朵堵上，背朝嘈杂的方向，在心中给自己创造一个适于记忆的小天地。总之，可以改变的尽量去改。按照自己的需要，建立一个完全属于自

己的心理"城堡"，你才能在其中安心自得地记忆。有了归属感，一切就会得心应手，可以将记忆效率提到最高限度。

这里有一点必须记住：并不是习惯于某种环境后就可以长期保持好的记忆效果，一旦太习惯了，变得麻木，反而会起反作用。例如将"奋斗""必胜""每天务必背四十个英文单词"之类的座右铭贴在墙上，久而久之，失去新鲜感，便会"视而不见"了。

因此，在建立自己的城堡时，应尽量避免这种现象产生。这样，即使是毫无兴趣或极为辛苦的功课，也会因为置身舒适、良好的环境中而记忆得十分顺利。

第二节　利用独处可以提高记忆效率

不知你是否有过这种体会，一个人独处一室时记忆材料比室内人多时效果好，这是什么道理呢？因为记忆材料需要高度集中，最好是不受干扰，而单独一人的时候最容易专心致志了。在单独存在的空间中，有一种暂时与世隔绝的感觉，你可静下心来背材料，而人多时你会一边背一边无意识地听别人谈话，或者防备着别人问你话，就是肃静的图书馆，虽然都在自己看书，你仍不会有独处时毫无戒备的精神状态，"周围都是人"的想法总在或多或少地干扰你。

可是，我们生活在集体之中，不论在家里、在学校里、还是在工作单位，周围都是人，只有一人的时候太少了，我们每天忙于事务的时间多，真正能够静下来思考的时间少。这样的环境使我们背记材料时反复几遍也记不住，这时我们会埋怨自己的脑袋不好使，没注意到是环境影响了记忆力。

可有的人却在这大千世界中发现了一个每天都可以去的独处的环境，并巧妙利用了这里的安静和每天都必须花费的时间。国外有一位飞机制造业的权威，他博学多才，善于充分利用现有条件和时间，在家中的浴室和厕所里也放一本书，独自一人积极主动思考问题。我们常有这样的体会，由于看惯了书，一时拿不到什么书，有块带字的纸也要反复看几遍。自家厕所里放一本书或兜里带着书去公共厕所，人们都会有兴致去看这唯一的一本书，即使不喜欢的书也比平时能看进去，把那些枯燥的需要死记的材料也带进去背儿遍，能比平时记得快。人们在单独的厕所中，会有一种安全感，不会有人来打扰你，这是你可以独立进行思考的时间，你可以集中精力记忆材料而不必精神紧张。我们每天都必须去厕所几次，反正是要花费一些时间的，既然独处记忆效果好，我们何不充分利用这几分钟呢？想一想我们每天能独处的机会到底有多少，除了极少数独身生活的人或者家里房间多的人，多数人不容易找到更多的独处时间。除非在别人都入睡了或者还没有醒来时，才会有与独处相似的环境，但你可要比别人少休息了。

认知到独处时对记忆的好处，我们就应当抓住并利用这一机会，衣兜里总要带着需要记忆的材料。写在卡片上、纸上或小本上都有利于随身携带。上厕所不必约人同去，在独处的卫生间带一本书看，在阳台上、在楼房平台上、在公园的角落里也可以发现独处的境地，在家里、教室或工作单位偶尔也有独处的时候，那时充分利用独处的机会，拿出你的小本子来记忆吧。

第三节　克服不良记忆环境的法宝——专心致志

环境的好坏对于记忆效果的影响不是绝对的，有的人由于家境贫寒，很难营造一个舒适和完全属于自己的环境，然而经过长时间的锻炼，他们几乎适应了一切恶劣的记忆环境，在他们的眼中，环境的恶劣只是一个微不足道的因素。在生活中，有时同样是在列车上或公园里，有的人能静心读书，有的人却坐立不安。重点在于你是否有着专心致志的能力，只要能做到，在菜市场、高速公路也能看书记忆。

安宁舒适的环境是学习的必要条件，但却不是绝对的，关键在于能不能做到专心致志。能，就可以在心目中建立一个属于自己的城堡或港湾，凭借这座城堡或港湾就可以不受身边各种事物的干扰。

热衷于玩具的小孩，对妈妈的呼唤声充耳不闻，那是因为他玩得太专心了。发明家爱迪生在工作时把手表当鸡蛋煮了半天，也是因为他太专心了。

常见一些人因为家中没有理想的环境，便跑去搭乘地铁或到公园找个长凳坐下。那里虽然也嘈杂，但却没有父母和老师的干扰，也不受约束和压抑。惊恐不安的心情得到解脱，专心专意地沉浸在书本或作业中，忘记了周围的一切，不介意人的走动，不留心声音的消长。此刻只有一片安宁的绿茵世界，蔚蓝的大海和辽阔的天空，嘈杂热闹的车厢和公园反而成了理想的书房。这就是专心致志带来的好处。

第四节　在集体环境中记忆，不容易感到疲倦

记忆是辛苦的脑力劳动。一个人埋头读书气氛过于沉寂、严肃，身心始

终处于紧张状态，遇到问题没有人可以请教，自己冥思苦想很孤独，时间稍长就会感到疲倦，产生厌烦感。

和同学一块儿记忆就不一样了，大家在一起没有孤独感。有的看书，有的背课文，有的解习题，有的写外语单词，气氛很和谐。遇到难题，还可以互相争论，共同探讨，选择出最佳答案来。累了，偶然开一两个玩笑，不仅不会妨碍记忆，还能活跃气氛，消除过分沉寂带来的倦怠感。

记忆的倦怠，心理学上称为"心灵饱和"状态，人们从不同的角度分析研究，发现是"连续重复单调作业"造成的。换句话来说，作业本身的活泼多变程度和"心灵饱和"的程度有密切联系。

同样是记忆，参与的人多气氛自然比较轻松，富于变化。比起一个人埋头苦记，多人效果当然要好得多，而且大家一起学习气氛很浓，无形中就会形成一种约束力。对于那些缺乏自制力，不能坐下来安心读书的人，也是很好的鞭策。

第五节　冷色书房有助于记忆的提高

颜色具有三个组合要素：色相、光度和色彩。颜色不同，人们的心理反应也不一样。光度高低与爽朗与否有关，彩度高低与神经紧张、松弛有关。就色相而言，一般说来红色使人兴奋，给人热烈向上的感受；黄色散发着温馨、柔和的气息；白色是纯洁无瑕的象征；绿色让人安详满足；蓝色给人留下认真的印象；深紫色表现出哀愁；黑色则是肃穆、庄重的标志……暖色系列的颜色大多能刺激人的感情亢进，也能产生极端强烈的冲动；冷色系列具有稳定情绪，使人安宁的作用。

书房墙壁的色彩对记忆非常重要，一般人认为，书房及工作室都不宜使用彩度高、光度低的色系。太过活泼的颜色及光度太高、彩度太低的墙壁，会让情绪变得紧张又不开朗。

性格活泼的人要采用冷色来集中精力，避免太活跃而分散注意力；而性格文静的人，则宜用暖色系列来激发情绪，抖擞精神，振奋学习意识，所以在色彩的选择上，还应考虑到个别差异。

一般人认为早晨起床后是学习最为有效的时间，因为这时头脑最清醒。但是从记忆角度来看，很多心理学实验证明临睡前的记忆效果最好。例如，这一组实验中较有影响的一个是让两个年轻的大学生学习由无意义音节所组成的字母表，学习时间分两种，一种是晚上 11 点钟到次日凌晨 1 点钟之间，要求学到能背出这些字母表后就入睡；另一种是在上午8~12点之间学习，要求学到能背出后就照常进行日常活动，然后在每次学习以后隔1、2、4、8小时，要求他们回忆这些材料。实验进行了一个多月，结果表明，学习以后立即睡眠的记忆成绩大大超过学习以后照常进行活动的成绩。

为什么睡眠之前记忆效果好呢？从干扰说来看，因为学习之后立即入睡没有什么干扰，所以遗忘就少；相反，在学习之后进行日常活动，这些活动明显地干扰了刚才学习的效果，所以产生了较多的遗忘。当然也有种假说，认为睡眠本身是对清醒时的学习材料进行筛选，把重要的信息贮存起来，因此睡眠实际上是积极的巩固记忆过程。

有人有一种很好的习惯，每天临睡前总要把一天学习的内容像过电影一样在头脑里过一遍，这样就能得到巩固记忆的效果。

第六节　找出你的最佳记忆时间

人是生物，当然要服从大自然的规律，每个人都有自己的生理时间和心理时间。头脑与身体节奏的彼此适应，心理时间、生理时间和钟表上所谓的物理时间三者之间最大程度地协调配合，就能够收到最佳记忆效果。在一天的不同时间段里，记忆的效果也是不一样的。有一段时间记忆似乎特别好，而另一些时间效果就要差一些，也就是说有一个最佳的记忆时间，只有在记忆的"巅峰期"里去进行识记，才能收到事半功倍的效果。一般来说，一天当中人的顶峰期有两个，即上午十点和下午三点。这是因为人们起床后两小时为头脑最活跃的时候（中午由于午睡精力得到恢复，便形成了另一个高峰期），这正好与上述时间吻合。掌握了这个规律，主动地配合生物时钟来学习和读书，就能获得最高的效率。

然而，由于个人的个性特点、生理条件和学习习惯都不同，最佳的记忆"巅峰期"也不同，所以我们必须依据实际情况来找出最佳的记忆时间。怎么找呢？其实也不难，只要做个有心人就可以。你可以注意观察自己一天之内哪段时间精神最容易疲劳，先把这段时间排除掉，然后以一小时为单位（对于年龄小的人这个单位时间要相应地缩短），做记忆效果的记录，并根据记录绘制出不同单位时间的记忆效率曲线。纵坐标表示记忆效率，横坐标记不同单位的时间。十天半月以后，对每天的效率曲线加以比较，看看能不能找出效率的共同点。时间一长，这类资料积累多了，就不难发现你的最佳点了。

第七节　要采用分散记忆

一般来说，分散记忆的记忆效果比集中记忆好。例如，有一项研究让两组学生用两种方法记忆一篇短文，一种方法是在一定时间内连续地背诵，直到记熟为止，即采取集中复习法；另一种用分散复习法，即每一天把短文读两遍，直到完全记熟为止。采用分散记忆的一组学生，平均诵读 17 次就能正确无误地背出课文，而集中记忆的那组则平均需要诵读 18 次。学习外语时记忆外语单词和短句也是这样，每周用两个半天来学习，不如坚持每天用一小时学习的效果好。

第八节　休息是为了走更远的路

长时间记忆同样的内容，中间应当适时休息，才能增进记忆效果。只有完全放松的休息，才能迅速地恢复疲劳，"休息是为了走更远的路"。

长时间记忆同一内容，记忆效果不好，因为人注意力集中的时间是有限的，时间一长兴奋性降低，抑制作用加大，不如适当休息一下换换脑筋，适当穿插些体力劳动或做做操，不使大脑陷入疲劳状态，以积极的态度科学地利用时间，越是临近考试越要保持大脑的清醒。紧张的复习当中最好穿插着看连环画或说笑话的时间，但应该注意，必须选择短篇小说，不要看长篇小说，如果被内容吸引住，一看就放不下，反倒误了学习。

第七章 记忆的"诀窍"

第一节 强化记忆类型法

记忆在划分上还有类型的不同，相对于我们的工作和学习而言，大致可分为视觉型、听觉型和运动型。

有的人对眼睛看见过的东西容易记住，那么他的记忆就属于视觉型。一般来说，美术工作者的记忆多半属于这种类型。他们的视觉形象鲜明、生动、细致而经久不灭。用画家的话来说，就是在未画之前有一种"内心视觉"，这就是生动的记忆视觉形象。

当然，除了画家，也有不少人的记忆属于视觉类型，或者是以这种类型为主。如果你在阅读一本书的时候，觉得默读最有利于记忆；或者在回忆某种思想、公式或数据时，可能首先想起的是这些材料在书的第几页、是用什么样的字体印刷的；到一个不熟悉的房间，一次以后，能够马上想起房间里的各种摆设，一闭上眼睛就能想起各种东西的具体位置。如果是这样的话，则大体上可以断定你的视觉记忆发展较好。

有些人对于听过的材料记得更牢一点，那么他的记忆大致就是听觉型的。一般来说，音乐工作者由于这方面的锻炼机会比较多，大多属于听觉型。比如著名的音乐神童莫扎特就是典型的听觉记忆类型的人，他的听觉记忆已达到惊人的境界。他在西斯汀教堂里只听了一遍，就把神秘不外传的大合唱记在了心里。这个大合唱是一个非常复杂的变调音乐，共有四个声部的合唱和五个声部的重唱。音乐大师贝多芬在耳聋以后，主要就是靠听觉记忆进行音乐创作。

当然，要判断你自己的记忆是否属于听觉类型，最简单的方法是留心自己是不是更容易记住那些听到的东西，而不是默读的东西。如果大声朗读能够使你记得更牢靠，这就说明你的听觉记忆发展得好些。

还有一种叫作记忆的运动觉类型，即对于动作技能容易记住。体操运动

员、拳术家等体育运动员的记忆往往就属于这种类型。在中小学里，我们也可以发现记忆的这种类型的踪迹。例如：有些学生在记忆汉语或外语材料时，总喜欢用手同时写写画画，哪怕是空写也好，觉得这样做容易记住。这就是运动觉记忆帮助记住了这些材料。

纯粹是某种记忆类型的人，在现实生活中当然是有的，不过更多的人是综合型，或者说是混合型。但这种类型的人，也有某种感觉通道的记忆相对地占优势的情况。各种记忆类型适应各种工作的需要是从工作实践中形成、发展起来的，但是对于少年儿童来说，在他们学习过程中，最好使这三种记忆类型都得到发展，要记忆的材料，既能够看到又需要听到，而且还可以动手做做，这样不仅容易记住材料，还可以很好地培养他们的记忆能力。

第二节　视觉形象记忆法

宣传人员经常引用这样一句话："一张画胜似千句话。"假若语言能够表达非常清晰的形象，反映在头脑中又清晰可见，那么人对所读过的东西都会留下深刻的印象。优秀的作家具有创造长时间留在读者心中的语言表象的才能。一个戏剧家在写珍妮·达尔克的剧本之前，曾经调查过法庭裁判珍妮时做出的详细而准确的结论。他为收集情报给国会图书馆写过信，图书馆工作人员给他这样一段描述："请你想一想如同棒球场一样的法庭，审判长坐在垒板上，陪审员和其他官员在第一垒线上，高审们在第三垒线上和一、二垒之间，珍妮在投手的位置，面向审判官。"

这不仅是简单逼真的记述，还表明了视觉形象化是如何支配记忆的。我们在头脑里能够清清楚楚地描绘出棒球的内场，能想象到那个世纪的审判情况，这个逼真的意味深长的场面决不可能令人轻易忘记。

所以，想要记住就需要视觉形象化。如能在头脑中清楚地描绘某一事件、单词、物、人，那就容易再现。表象越鲜明，学过的东西就越能被长时间记住。在学习和生活中，首先映入眼帘的是形象，是有形之物，传入耳朵的是声象，是无形之物。有形之物比无形之物更难忘记。

这是人所共同拥有的能力。所以，将知识形象化后，印象更深刻。

那么，怎样运用这种方法呢？在学习中，我们要尽量搞实验、做标本，深入实际、体验生活，比如上海师范附中周国振同志在地理教学中总结出的一套形象记忆法，现简述如下。

1. 几何图形法

把一个国家或地区画成简单的几何图形。如欧洲大陆像一个平行四边形，亚洲像一个不规则的菱形，非洲像一个三角形加上一个半圆形，澳洲像一个五边形，南美洲像一个直角三角形等。这样用简单的几何形体来概括图形就好记多了。

2. 物体形象法

如罗马尼亚像握紧的拳头，意大利像一只皮靴，贝宁像一支火炬。又如湖南像个人头，甘肃像水泡眼金鱼等。这样一来，不规则的地图在头脑中有了生动具体的形象，妙趣横生，一下子就记住了。

3. 数字形象法

如多哥像1字，越南像3字，朝鲜像5字，索马里像7字，日本的九洲岛像9字等。数字对于我们是最熟悉不过的了，它的字形简单明了，我们在回忆图形时，首先就会在脑海中浮现出数字的形象，从而想起和它相仿的地理图形。

4. 汉字形象法

如苏拉威西岛像斤字，白海像七字，这样想象很有趣也好记。

5. 字母形象法

如黑海像F，波罗的海像K，特立尼达岛像J等，都比无规则的图形好记多了。

实践证明：利用直观实物形象进行记忆是行之有效的方法，建议你在学习中努力发挥它的作用。

人们都有这样的体会：和一个人见过一面，哪怕只见过他的相片，不需要对其他方面多做了解，也能在人群中很快将他辨认出来。如果没见过面，仅仅听别人介绍说他身高1米68，胸围92厘米，腿短腰粗，眼小耳长……在人群中也不一定能准确认出他来。原因就在于：看到的形象是实的，在头脑中留下的印象具体深刻；听别人介绍的声音是虚的，留给头脑的只是一个模糊的轮廓。假若隔天再去辨认，此人留给前者的印象依旧清晰，而留给后者的可能就是一片混沌了。这说明视觉和听觉的效果不一样。

学习上，有视觉形象的给人留下的印象深刻，也为人们的思考提供了便利，更有助于理解和消化，又能促进记忆，学习效果当然要比单纯地依靠听觉好，何况视觉直观形象。比如血是红色的，对于那些一出生就失去视觉的人来说，用语言很难讲清楚；而对于有视觉的人来说，毋需多讲，看一眼就明白了。

俗话说："百闻不如一见。"从牙牙学语开始，儿童就可以直接观察和记忆周围的一切，从妈妈爸爸到奶奶爷爷，从玩具到狗猫鸡鸭，他们一样样对

号入座，一个个名称去记，逐渐走上了人生舞台。如果儿童刚会说几句话，你就给他讲哲学、谈理论，谁都知道绝不会奏效。这说明，实物形象记忆法是最原始的记忆方法，而对抽象事物、系统知识的记忆则需要有一定的知识结构做基础。

人对客观世界的认知是从感觉开始的，感觉和知觉是人类一切知识的基础和源泉。列宁说："从生动的直观到抽象的思维，并从抽象的思维到实践，这就是认识真理、认识客观实在的辩证的途径。"十七世纪捷克著名教育家夸美纽斯认为："凡是需要知识的事物，都要通过事物本身来进行教学；也就是说，应该尽可能地把事物本身或者它的图像放在面前，让学生去看看、摸摸、听听、闻闻等。"

例如，上地理课最常见的教具便是地球仪了，只要轻轻一拨，彩色的地球仪上七大洲四大洋分布情况便历历在目了，各国面积的比例、相邻的关系也尽收眼底了。目前，商店有一种"中国行政区拼板地图"，这是一种很好的益智玩具，幼儿经常拆拼，很快就能熟悉我国的32个省、市、自治区。一般四五岁的孩子玩半个月，就能根据形状辨认省区。用它来记忆中国行政区，真是记得既快又牢。

地道是抗日战争时期中原人民抗击日本侵略者的游击战的特别形式，如果你有机会到中国人民革命军事博物馆看一看"地道战"的模型，或是去一场有关"地道战"的电影，您就会留下经久不忘的深刻印象，而单凭文字材料印象就差些。

重大的军事战役之前，各方指挥部总要根据战区的地形做出沙盘，标明山峰河流、村镇城郊的具体位置。这样，指挥员在商讨作战方案，布置战斗任务时便深入浅出，简单明了，易记难忘了。

第三节　大声朗读记忆法

第一印象最有价值。第一次见某单词时，应该查阅辞典，赴准确地掌握该单词的意思和发音，并且在明晰单词的意思之后，还必须在文章中再一次抓住其意思。不要孤立理解单个词意，要在文章情节中掌握，如有可能最好朗读单词，这就是通过动作行为学习的实例。大声朗读单词可以强化记忆中的单词。朗读时，口里发音，耳朵听声，眼睛看字，大脑思维，多种感官同时运动，记忆效果当然显著。

宋代的朱熹曾主张朗读，他说："读之，须要读得字字响亮，不可误一字……不可牵强暗记。"而且要"逐句玩味""反复精详""诵之宜舒缓不迫字字分明"。这样，我们便可以深刻领会其材料意义、气韵、节奏，产生一种"立体记忆"的感觉。

朗读背诵记忆法对于学习文学更为有益。一位著名的语言学家说得好："学中文的人，不能熟读朗诵千儿八百篇文章，就打不好基础，学出去也是个空架子。"朗读比默读收效大，因为朗读有声音节奏、语调顿挫，使记忆有声有色，其神采和气韵都能铭记不忘。

自学中文的朋友更应该注意背诵的训练，以加强记忆，增进文学修养，还可提高语言的表达力，对于今后从事写作、语言交流、教学等都是非常有益的。

学外语用朗读背诵记忆法，比默念的记忆效果好。美国俄亥俄大学心理学教授Ｈ·Ｆ巴特和Ｈ·Ｇ碧克曾经做过实验，结果证明：学习外文时，读出声的单词易于留存较深的印象，朗诵记忆比默念记忆的效率可增加34%。我们可以利用一切机会，在不影响别人的情况下出声背诵外语，还可以提高口语能力。

第四节　全脑风暴记忆法

有人说："眼睛和嘴巴一样会说话。"其实，手势和身体动作也一样会说话。

学习外文，口读和手写并用，加上手势和身体的动作，可获得三倍效果。本来，在人进化的过程当中，意义传达的手段是手先于口，用手和身体动作帮助记忆是最自然的事情。

因此，对于需要记诵的科目像英文、语文、历史、地理等，除了采用口读与手写并用的方法外，还可以站起来边走动边摇头摆手地背，可以记得又快又牢。

上面我们所说的利用眼看、耳听、口念、身动、心想等多种方式协同起来，像风暴一样全方位刺激人的大脑以增进记忆效果的方法，就是全脑风暴记忆法。

一项神经心理学实验证明，多种感觉器官一齐上阵参加记忆，比一种感觉器官孤军作战单独记忆的效果要好得多。一般来说，人从视觉获得的知识能够记住25%，从听觉获得知识能够记住15%，而二者相结合时，则能记住所获得知识的65%。

请看下面的一组实验。

把被测试者分成三组。并分别教给每组一种记忆方法，然后让他们用老师说的方法去记住十张画片的内容。

第一组：只告诉他们画上的内容，并不给他们看这些画。也就是说这组学生听而不看，最后测验结果是能记住60%。

第二组：只让他们看这十张画，不给他们讲画的内容。也就是说这组学生只看不听，最后测验结果是记住70%。

第三组：既给他们看画又给他们讲解每张画的内容。最后测验结果第三组记住的最多，达到86%，因为他们既看了又听了。

实验证明学习时调动多种感觉器官协同记忆效果好。这种记忆法的原理在于：人的每个感觉器官都和大脑神经有着密切的联系，每个感觉器官接触过的事物都在大脑皮层留下一定的痕迹，如果眼、耳、鼻、口、手等多种感觉器官都接受同一信息，就会在大脑皮层留下很多"同一意义"的痕迹。当然比一种器官留下的印象深，这样在大脑皮层的视觉区、听觉区、嗅觉区、动觉区等建立多通道的暂时神经联系，即使某一痕迹淡薄了，还有其他痕迹的存在。所以发动多种感觉器官记忆材料，就会延长保留记忆的时间，巩固记忆的痕迹。

两千多年前我国第一部教育学专著《学记》中指出："学无当于五官，五官弗得不治。"意思是说，学习没有经过五官活动，各种感觉器官没有参加到学习活动中来，是学不好、记不牢的。这说明我们的祖先早就认识到在学习中充分调动各种感官的重要性。

宋代学者朱熹进一步提出多种感官学习法，他说："读书有三到，谓心到、眼到、口到。心不在此，则眼看不子细，心眼既不专一，却只漫浪诵读，决不能记，记亦不能久也。三到之中，心到最急，心既到矣，眼、口岂有不到者乎？"朱熹不仅指出读书要心、眼、口三种器官俱到，而且强调了用心学习，如果不能专心致志地读书，就记得不扎实。

我们在学习中怎样运用全脑风暴记忆法呢？

在开始听老师讲课时要全神贯注认真听讲，看着课本和注意老师在黑板上写的重点内容，动手将必要的东西摘记下来。有些人往往忽视动手或者懒于动手，结果时间一长，学的东西多了，就把前面的忘了。而动手记笔记，回忆时就会有线索。在自学读书时精神集中，用眼睛看书是必须的。有些材料如能出声朗读则更能增强记忆效果，学中文和外语都是如此，语言总是由口说出来，看只能解决文字问题，光看而不读外语结果学成哑巴外语，光看不朗读中文则体会不到有些好文章的音韵、气韵。除了读、看，还要动手写，学外语不动手写只能停留在认识阶段。

复习功课的时候，也不要只是来回翻书，最好是动手写出提纲，把重点抓住，将必须死记硬背的材料反复写几遍，达到能默写的程度。"眼过千遍，不如手写一遍"，光看是不行的，要和手写结合起来才能增进记忆。实验课有时还要调动味觉和嗅觉的积极性，比如上化学实验课就要动用耳、眼、手、鼻、口来参加学习，听觉信号、嗅觉信号、触觉信号一同涌入大脑皮层，建立起多通道的内在联系，加深记忆的痕迹。

在教学时，可以利用多种手段来调动学生各种感官的积极性。比如将幻灯、录音、唱片、电视录像等视听手段应用到教学过程中，根据不同的教学内容，使用不同的教学器材和资料讲课。视听教育声画并茂，使学生便于记忆。

然后——请赶快运用到实践中去!

第五节　寻找记忆的方法

一时想不出适当的记忆方法不要着急，思考的过程也就是了解事物的过程，能帮助加强记忆。若带一点创新，则更能使记忆生动活泼。

记忆的方法很多，但并非每一种方法都适用于所有情况和所有人。因此，每个人最好都能思考出适合自己的一套学习方法，并借这种思考行为进一步加深记忆。

也许有人会问："撇开现成的方法不用，反而费时去增加一道思考步骤，值得吗?"

事实上，当一个人在遇到非记住不可的事情时，都会先对该事的前因后果及可能产生的影响等有关事项进行了解。就算他找不到记忆该事的最好方法，也已将该事牢记在心里了。

比如，某人需要记住几个单字，想把它们组成一句话，以便于记忆。那么他必定要把这几个字的字义、字形弄清楚。就算他始终无法把它们组成一句话，在这个过程中也已经把这几个字记住了。可见，这样做是值得的。

并且，学到这里大家都已经明了了，良好的记忆技巧对于记忆效果的提高是非常有帮助的。如果相对于大部分材料我们都能够找到适合的方法去记忆，那么对于以后的复习再认和复习的牢固掌握方面都将会有很大的帮助。

第六节　重视材料应用法

下面是美国对知识生活化记忆方式所做的一个实验。

在12名小学生中挑选不善交际、功课较差的6名作为第一组参加实验，剩下的6名作为第二组做事后对照。

实验时，第一组六名小学生全部被安排在"儿童村"里生活。在这里，所有的学习事项都被演化成生活事项。每个小组成员都充当一个角色，邮差、医生、消防人员……上地理课时，让他们思考："从机场起飞的飞机，飞往某处时走哪条航线最快?"上写字课时，让他们学着写受到邀请但因故不能前往的致歉函。课外活动时，让他们扮演各种角色与旁人交谈……

十一个星期后，与第二组相比较，第一组学生的智力提高很多，求知欲望也比第二组强。

这种方法在资讯工程学中称为"模拟法"。航空公司训练飞行员总是先从实物模拟飞行开始，等飞行员习惯了起降、升空，掌握了飞行要领，才让他们正式驾机训练。换言之，模拟学习就是将知识生活化地学习，这对于记忆与理解力的增强很有帮助。

大家知道，记忆就像双手一样，越用越灵。识记的东西若不常应用，在大脑中的印象就会逐渐变浅。俗话说："听过不如看过，看过不如干过。"经常在实际中运用的知识才能印象深刻，难以忘记。

法国十八世纪最杰出的资产阶级启蒙思想家和文学家卢梭自学成才，他在学习中注意把书本知识与实际应用联系起来。学习音乐，就从事乐谱创作；学习数学，就去丈量土地；学习药物学，就给华伦夫人采药制药；学习意大利文，就给别人当翻译；日间学习天文知识，晚上就用望远镜观察星象。他还喜欢远足，了解各地风土人情，欣赏绮丽的自然风光，使自己从书本上学到的自然地理知识得到验证。

马克思很重视通过使用来提高记忆力。有一次他发现国际工人运动活动家威廉·李卜克内西的西班牙语讲得很糟糕，就马上从书架上抽出西班牙作家塞万提斯的著名小说《唐·吉诃德》，给他上了一课。之后，马克思还每天要李卜克内西叙述作品的内容或其他西班牙书籍的内容，促使他每天都使用学到的西班牙语去阅读和翻译西班牙作品，这样他终于很快地掌握了西班牙语。

根据重视使用知识能够增强记忆力的道理，我们可以找出一些实际办法。

学外语不光是背单词和按课程进度背课文。在掌握一定单词量时，我们可以找些外文资料试着翻译，也可以找些知识小说来阅读，经常再认和使用识记过的单词、语法；还可以找机会和同学对话，有给别人讲授的机会也不要回绝，这些都是使用记忆法的具体形式。有一位理科学生很注意外语的使用，他经常找外语系的学生一起用英语做对话练习，凡没有译制过的英语影片，他一部也不放过，还要拉着外语系的学生一起去看。由于他经常使用学过的知识，记忆力更加牢固，毕业前夕就考上了美国哈佛大学。

语文方面经常写日记、做作文、写心得，就能对字形、语法、好的词汇记得更多。数学方面多做习题，就会使公式越用越熟。理化方面多做实验；生物方面采集、制作标本；医学方面临床学习；地理方面绘制地图、实地考察；历史方面编制大事年表、游览古迹、鉴赏文物；政治方面分析社会现象。这都属于实际应用。还可以将识记过的知识讲给别人听，这叫传授使用，而积极和别人研讨知识则叫争论使用，这些比将一个人关起来记忆知识多了一个提取的机会，所以才能加深记忆。

第七节　两头印象记忆法

两头是指记忆材料的一头一尾。日常生活经验告诉我们：**人对一件事情记忆最深的部分往往是事情的开头和结尾**，而事情的中间过程往往容易被人遗忘。

一支队伍中最惹人注目的是排头或排尾的人。一场戏里最引人入胜的也是开头和结尾。为避免"顺向抑制"和"逆向抑制"对记忆的影响，最重要的事项应放在最初或最后阶段记忆。

在心理学的范畴，曾做过这样一个实验。

将没有意义的15个拼音字母依次排列，让被实验者复诵几遍。然后，要他们在每遍记下来的字母上打"0"，在每遍忘记的字母上打"×"。结果发现，首尾打"0"的多，而中央第八个字前后打"×"的不少。

通常，人们依前后顺序将一大堆事项记忆在脑中时，后者受前者影响而记忆遭压抑，称"顺向抑制"，前者受后者影响而记忆遭压抑，称"逆向抑制"。像前例位于中央的字母之所以无法记牢，正是同时受到正、逆双方抑制的必然结果。英文26个字母中，A、B、C和X、Y、Z往往是人们最先记住的字母，道理即在此。在识记的时候，人们总是有一种好奇心和兴奋劲儿，

这种情绪有助于记忆，而中间容易出现松弛现象，结尾时往往有一种"大功告成"的自由感和轻松感，这也是增进记忆的因素。

美国心理学家荷蒲博士也曾做过类似实验：他把12个单词排成一行，让别人来记忆，看哪个词最容易忘记。实验结果表明，没有一个人会记错第一个和第二个词，第二个词以后错误渐多，第七、第八个词错误率最高，往后错误逐渐减少。第十二个词和第二个词一样，错误极少。他把这整个错误起伏的情形称为"记忆的排列位置功效"。实验证明，排在前面的和结尾的记忆效果好。

怎样利用记忆的这一特点呢？

①把重要的事情放在开头和结尾去记，若是讲话应该把要紧事先讲给大家，结尾时再强调一下。

②记忆大篇幅的材料，可采取分段记忆法，这样每段都有开头和结尾，人为地制造了增进记忆的条件。

③一次记忆若干名词或大题，可改变次序，每记一次就换一个开头和结尾，平均分配复习的力量。

④合理地组织识记材料，尽量做到相邻的学习内容截然不同，防止抑制作用的发生。例如，刚学完历史，不要去学语文，以减少材料之间的相互影响。

⑤合理安排时间。早晨起来不受前摄抑制的影响，晚上学习过后就睡觉，不受后摄抑制的影响，这两个"黄金时间"不能错过，可以利用这两段时间记那些难度较大的材料。在长时间学习中，中间要休息休息，时间最好是10~15分钟，这样又增加了开头和结尾的次数。

第八节　左右脑结合的超级记忆法

我们知道，左脑管逻辑思维，右脑管形象思维，那么记忆时，两半球一起工作效率就高，同样的内容，看连环画就比看小说容易记忆，因为连环画图文并茂，既运用了左脑的逻辑思维理解内容，又运用了右脑的形象思维理解图形，因而记忆就格外深刻。阅读没有图的小说时，只使用左脑的逻辑思维而右脑闲着，因而记忆就不如同时使用大脑两半球深刻。

左右脑并用能够使人尽快地掌握外语，为了学会一门外语，一方面必须掌握足够的词汇，另一方面必须能自动地把单词组成句子。词汇和句子都必须机械记忆，如果记忆变成推理性的或逻辑性的记忆，你就失去了讲一种外语所必需的流畅。进行阅读就成了一个字一个字的翻译了。这种翻译式的分析阅读是左脑的功能，结果越读越慢，理解也就更难，全靠死记住某个外语单词相应的汉语意思是什么。应发挥左右脑功能并用的办法学外语，例如，学英语单词"bed"时，应该在头脑中浮现出"床"的形象来，而不是去记"床"这个字。为什么学习本国语言容易呢？因为你从小就是从实物形象入手进行学习，说到"暖水瓶"谁都会立刻想起暖水瓶的形象来，而不是想出"暖水瓶"三个字形，说到动作你就会想出相应的动作来，所以学得容易。

我们学习外语时，如能让文字变成图画，在你眼前浮现出形象来，这就让右脑起作用了。每个句子设计一个完整的形象，根据这个形象通过上下文来判别理解更透彻，记得更牢，重要的是用了外语思维。

另一个发挥右脑功能的学习外语的方法就是用音乐配合记单词。超级学习法就是这样进行的，用缓慢的古典音乐做背景，老师有节奏地念外语单词，读的声音和音乐节奏合拍，学生全身放松，随着音乐节拍呼吸，在大脑深处进行着自发的记忆活动。超级学习法的原理就是左右脑两半球并用。

这样学习，每小时可记 50~100 个单词，保加利亚的扎诺夫博士在 20 世纪 60 年代创造了这种方法，可以使记忆效率提高 5~50 倍。2 000 个英语基本单词通过 72 小时就可以掌握。想一想，在几个月内我们就能学会一门外语，该是多么令人兴奋啊！再也不愁记不住了，记忆的潜力就在我们自己的大脑里，等待着我们去开发。

第八章　复习是记忆之母

第一节　总论

复习是记忆之母，巩固所识记过的材料的唯一方法就是复习。

复习不仅可以巩固识记材料，而且随着复习次数的增多，还可以加深对材料的理解，挖掘出更多的意义和内涵（当然，这是指在科学的基础方法之上进行复习）。

大家也许有这种体验，某些科目（尤其是英语）只要短短的几个月不接触，就会感到陌生。有一位大学毕业生，由于毕业后去一个机关单位做了行政领导，与自己的学业沾边的东西很少。两年半后，一次偶然的外语测试令他大吃一惊：自己的口语会话能力大幅下降，语法变得陌生，自己熟悉的单词也所剩无几，要想恢复往日的辉煌，必须付出相当大的劳动力。有人还进行过这样一项研究，让两组学生学习同样一组材料。甲组复习后一小时进行测验，发现甲组对材料的保持成绩比乙组要高出10%，而半年后再进行测验，甲组对材料的保持成绩几乎比乙组高出一倍。这都说明了复习对于材料识记巩固的重要性。

当然，复习不是一昧简单地重复，它也是有科学的方法和依据的，复习方法对了效率就高，方法不对则往往只能收到事倍功半的效果。下面的部分里，我们将把复习的一些规律逐一介绍给大家。

第二节　及时复习法

复习应该及时，这一规律在实际的认识学习中往往被大多数人忽视，或是提不起足够的重视。对于已经识记过的材料，为了能够在大脑中长期储存，要进行及时的重复识记，也就是及时复习。

我们中的许多人都热衷于一个劲往前赶，仿佛只有不断地向前面的知识发起挑战才是真正的学习，却不知只有及时复习才能使识记的材料在大脑中得到稳步的巩固，等到学了好长时间之后，才发现学了后面的却忘了前面的。学过的东西只是一个似曾相识的感觉，有一种模糊的印象，却无法清晰地进行提取和利用，只好"再回首"花费好多时间去进行已经做过的工作，如此得不偿失自然有人抱怨自己的记忆力欠佳了。

所以，我们的复习时间必须赶在识记材料的大量遗忘之前。

在最初的 9 个小时内，如果花费 10 分钟的时间复习，将比 5 天或 10 天后用 1 个小时来复习的效果好。当然，我们可以随着识记材料在大脑中的逐步巩固，慢慢延长复习的间隔，但关键还是在于对最初复习火候的掌握。

但识记材料的遗忘到底与时间的流逝呈什么样的比例呢？是不是复习时间越快越好呢？

我们可以回过头来再看一看艾宾浩斯的材料遗忘（保持）曲线。

识记材料在 20 分钟后遗忘 42%，2 天后为第 1 天遗忘的 6%，75% 在 6 天后遗忘，79% 在 31 天后遗忘。这表明在初期遗忘特别明显，随着时间的推移遗忘比例逐渐变小，但是艾宾浩斯是用无意义音节为识记材料的，如果是有意义的材料，识记后的遗忘量就没那么大。大家可以仔细分析本书识记篇中引用不同性质材料的保持曲线一图，可以看到有意义材料遗忘速度曲线较为平缓，所以我们在确定材料的及时复习时间时要以这两个图作为比较，科学地安排复习的间隔时间。

一般来说，对于意义联系相对较少的识记材料在学习后的 1~2 小时必须抽出 5~10 分钟时间复习。对有意义的识记材料正确地开始复习时间应该在大量遗忘开始后的某一时间进行，一般当天晚上睡前应该复习一遍。

第三节　多次重复复习法

对于识记过的材料进行多次重复，以加深在大脑中的印象，这就是重复复习。

从遗忘的规律来看，储存的材料信息有自动减弱的趋势。为了防止这种趋势的发展，就必须进行接连不断的强化复习。如果不及时反复地予以强化，则暂时形成的并不牢固的意义联系会趋于消失，使我们进行认知提取时出现麻烦。

我国古代的文人学者也早就强调了在学习中反复复习的重要性。春秋时

的大教育家孔子提出"学而时习之"的口号；宋代大诗人苏东坡说："故书不厌百回读，熟读深思子自知"。明末清初的著名学者顾炎武能背诵"十三经"，他并非有超人的记忆力，而是经常复习，他每年都要用3个月的时间来复习读过的书，以巩固记忆和加深理解。清代教育家颜元则有这样的心得："学一次有一次见解，习一次有一次情趣，愈久愈入，愈入愈熟。"这些都说明了多次复习的重要性。

那么，我们应该怎样进行复习呢？

在每次的复习记忆中，我们最忌讳的就是死记硬背，对待任何材料都一遍又一遍地读，一次又一次地记，就像和尚撞钟似的，机械地重复。这种简单的重复往往使复习成为一种令人毫无兴趣的精神负担，甚至使人在呆板的重复中有一种昏昏欲睡的感觉。所以，只有合理、科学地复习才能收到事半功倍的效果。

在多次复习中避免机械简单化的最好的方法就是：每次复习尽量从新的角度来重复再现需要复习的记忆材料，或者在复习中加入一点新的成分，增加材料的联系，使旧的材料在重复中有一定的新鲜感，这样才能增加我们复习的兴趣，更进一步加深我们对材料的理解。

多次复习在实际的应用中还要注意下面几点。

一、多次复习材料要分散进行，避免集中过量，造成超负荷用脑

从大脑的生理机制看，集中复习时脑神经应对过多的材料会感到负担过重，因而产生抑制，识记巩固的效率也就低。而把多次重复复习的时间分成多个间隔的时间段来进行，则可以减轻大脑疲劳，保持头脑的清晰和脑神经的兴奋，这样就能大大提高复习的效率。

二、多次复习要有计划，切忌心血来潮时就多读几遍，或者眉毛胡子一把抓，精神倦怠时一动不动

复习的计划性主要包括：①要合理安排复习时间，最好是依据记忆的规律，制订一个复习时间表，把需要复习的识记材料统筹归类，安排好具体的复习时间，然后每次照章进行即可。复习的间隔要注意适时休息，调节大脑。②要适量、适当安排复习内容。首先复习的内容要适量安排，复习的内容不可一次过多，也不允许长时间的间隔。已复习过的材料的间隔时间要根据自己的实际认知情况来安排；其次还要注意复习材料的性质。内容相近的复习材料不要放在相近的时间内复习，以免互相之间产生干扰，如地理与历史。

最好文理相间，使大脑对应的神经中枢能得到交替的兴奋和休息。

三、多次复习要讲究多样性

所谓复习的多样性，就是在复习的过程中要采用不同的方式和手段来刺激大脑，保持大脑的兴奋，这样也会调动我们复习的主动性和积极性，收到良好的效果。

比如在复习中，我们既可以对材料采取重复的方式，也可以采取做练习的方式（如选择、填空、问答、判断、画图、解答、一题多解），或者采取双人、小组讲座的方式。这就需要我们多多实践，根据复习材料的不同性质来决定复习方式。

四、多次复习的次数要适当

多次复习的次数是不是越多越好呢？答案当然是否定的。在材料的识记过程中，当材料达到可以背诵的程度时，再多认识几遍，适量进行超度复习，可以增强和巩固记忆的保持力。但在一般情况下，这种超度学习应在50%以内。就是说，在材料达到正确背诵的程度时，超度复习的时间应控制在学习认识时间的50%以内。超过这个限度，就可能受注意分散、厌倦、疲劳等不良因素的影响，造成劳而无功。

比如一组外语单词，我们在诵读的情况下正确地进行拼写，然后可以对这组单词进行四遍超读，以巩固记忆。如果超读的次数连续性在四遍以上，记忆的牢固性并不比超读四次的效果好，有时记忆保留的百分比甚至会因干扰过多而有所下降。

第四节　尝试回忆复习法

在复习过程中，有意识地对识记过的材料进行尝试回忆，可以有效地增强记忆，提高记忆效率。

我们可以来看看以下的心理学实验。

先把受测试者分为甲、乙两组，并且让他们记忆同一组材料。

在第一组对材料识记若干次后，主试者要求他们先放下材料，进行一些尝试性的回忆，看看自己记住了哪些东西，并指出未记牢的部分，接着让他们继续复习；在第二组诵读识记时则不给以任何的提示或指导，让他们把全部的时间都用来反复阅读。最后，在花费等量时间识记的情况下，第一组的

记忆成绩远远超过了第二组。

这个实验表明，让记忆者进行必要的尝试回忆，了解自己复习的强弱点情况，即给予信息的反馈，可有效地提高记忆效率。

为什么尝试回忆能提高复习的效果呢？

首先，尝试回忆加强了记忆的自觉性和主动性。

在尝试回忆时，人的大脑处于积极的活动之中，人们主动地去记忆，往往可以做到全神贯注，将全部的精力都投入到记忆的活动之时。并且在尝试回忆中，我们还可以通过反馈回来的信息知道自己记住了哪些部分，哪些地方记得还很模糊或者还没有记住，在后面的识记过程中才能有重点、有针对性地主攻较难记的部分，以便更有效地分配复习。

其次，尝试回忆可以在一定程度上消除疲劳，变换用脑的方式，以更好地维护注意力的集中。

一遍一遍地诵读容易使人产生单调疲劳的感觉，时间一长，注意力就容易分散。如果在记忆过程中适时地进行一些尝试回忆，把记忆材料的有关信息反馈回来，重新刺激大脑神经中枢，就会消除疲劳，使人再次把注意力集中到复习上去。

识记过的材料、学过的知识，究竟在我们的大脑中留下多少？大浪淘沙，又有哪些知识脱离我们的记忆，随着时间的长河流逝了呢？这一切都必须经过测验，经过尝试回忆来知晓。有时候，对于好多学过的东西我们以为都记住了，但到了该用的时候调不出来，仅有似曾相识的感觉。真是不忆不知道，一忆吓一跳。所以我们在识记材料的过程当中和复习材料之后，必须适时地进行尝试回忆，以明了再次认识和复习时的主攻方向。

那么，复习多少次进行一次尝试回忆好呢？

这主要取决于记忆材料的性质、长度，以及自己对该材料记忆的大体熟悉程度。在记忆过程中，一定要防止过早进行尝试回忆带来的负面效应，有的朋友在对材料的熟悉程度还不够时就匆匆上马对材料进行尝试回忆，结果发现自己许多地方都没有记住，于是不免情绪急躁，以致干扰了后面的复习识记，最终影响到记忆的效果。所以，如果碰到这种情况，就应该冷静想一想，控制住自己的情绪，努力做到心平气和，并且相信自己的记忆能力，重新树立信心，把这种良好的心态带入下一轮的复习。

附表：

尝试背诵与连续复习的效果比较

复习方式	最后测得回忆的意义单位数量（％）		
	1 小时后	24 小时后	10 天后
连续复习 4 次	52.5	30	2.5
复习 2 次，尝试回忆 2 次	75.5	72.5	57.5

第五节　自我测验复习法

在识记过程中，通过多次不断地自我测验来检查和巩固记忆的复习方法，就是自我测验复习法。

在实际的工作学习中，知识的掌握必须经过多次的反复识记。而我们要知道自己认识问题和解决问题的能力怎么样，储备了多少有用的知识，都需要进行实际的测验。然而，在平常的工作学习中，我们并不可能获得太多检验的机会，而少数的检验机会并不足以测定我们记忆的真实水平，所以我们就应当经常性地用到自我测验复习法，以检验、巩固我们的记忆，不断提高自己的能力。

经常运用自我测验法还可以锻炼我们从多个方面去理解探求识记材料的意义，培养随机应变的能力。例如，考试对识记材料的考查往往会改变角度，与原来识记时面貌大不一样（本质是相同的），这时只有平时训练有素，能真正从实质意义上掌握该材料的人，才能很好地回答和处理它。

那么，我们如何运用自我测验法呢？

一、定期测验

对于自己所学的知识和课程要订立有科学依据的定期自测计划，如：一日测、一周测、一月测；小节测、单元测、全书测；相关知识测、全科测、重点测；等等。自我测验计划的订立要系统化，按照记忆遗忘的规律做相关内容和复习时间的安排，力求测验有针对性，能收到立竿见影的效果。

二、随时测验

随时测验不但可以充分地利用点滴时间，而且可以收到分散复习的良好效果。所以我们可以随时随地进行自我测验，只要有空或者兴趣来了都可以进行。随时测验法用在记忆和复习外语单词上面是非常有效的。当你在礼堂听着无趣的报告、在站台等车、在食堂排队时，你可以口中念念有词，轻声背诵单词，也可以用手指在掌心或裤子上进行默写，这样点滴积累必然会给你带来很好的收益。

三、讨论测验

自我测验并不仅仅局限于自己，有时换一种复习的方式，找一个同学或朋友进行问答自测，激励自己的竞争意识，与同学、朋友一道，互相启迪、互相勉励，也是一个行之有效的好方法。

名人与记忆

　　传记作家都谈到拿破仑把惊人的记忆力运用到工作上的有效情况。据说他能准确地记住设置在法国海岸的大炮的种类和位置，从而纠正了部下报告书中的错误之处，使部下大为惊奇。此外，法国邮政大臣说到，拿破仑甚至能准确记住每个邮件的运输路线，这种零零碎碎的小事连邮政大臣自己也不知道。立志刻苦奋斗获得成功的人物中有洛克菲勒、卡内基等美国巨商，政治家有美国的林肯、富兰克林，英国的邱吉尔等人，他们都是因为惊人的记忆力登上成功阶梯的著名领导人物。林肯甚至把自己的记忆力比喻为"一块铁"，意思是记住的事很难忘记。在1832年布莱克霍克战役中，林肯志愿参加过义勇军。在30年以后他见到当时的上级军官，还能叫出他的名字，令人大为震惊。

用联想挂钩法记忆下列词组

书	鞋	杂志
闪耀灯	小船	铅笔
毯子	荧光灯	烟灰缸
纽扣	铁铲	汽车库
树	电线杆	电唱机

　　提示：对每个不同的物件都要把它与对应的关键词汇图像结合起来考虑。这样可以通过回忆关键词汇图像而想起该物件。

圆周率记忆典范

相传有一所学校，老师每天上午要与山顶寺庙的和尚对饮。一天临走前，他让学生背圆周率，要求背到小数点后第 22 位：**3.1415926535897932384626**。学生反复地机械背诵，还是背不下来，苦恼不堪。这时有位聪明的学生把老师上山喝酒的事编成了几句话，让大家熟读，待老师回来，学生个个都能流利背诵："**山巅一寺一壶酒，尔乐苦煞吾；把酒吃，酒杀尔，杀不死，乐而乐。**"（谐音记忆法典范）可见，联想思维在记忆活动中起着非常重要的积极作用。

注意观察

记忆的意图有助于注意力的集中。假若你无论如何也要记住某事，那么你必须对它更加注意。我们一般对于当前所做的事不大注意。"每个人都在各自能力范围内生活"，并且"还有日常用不上的各种能力"。这些话特别适用于观察人和物。对于观察每天发生的事情，我们仅仅使用了实际能力的十分之一。约翰逊·塞缪尔说过："真正的记忆技巧就是注意观察事物的技巧。"这句话作为记忆的规律，永远适用。

记 忆

是

智 慧

之 母

消息来自四面八方

——特征记忆法举例

英语单词 news（消息）是由 north（北）、east（东）、west（西）、south（南）四个单词的首字母组成的，意思是说消息来自四面八方。

特征记忆的记忆对象具有鲜明的特征，要记住它关键在于去把握。如：

公元 1234 年蒙古灭金。公元前 221 年秦统一六国。公元 220 年，三国鼎立开始。

六氯环己烷的分子式是由 6 个 C，6 个 H，6 个 Cl 组成的。

马克思逝世（1883）后 10 年，毛泽东出生（1893）。

方法论

使用同样的头脑，为什么会产生不同的效果？

人的头脑本来差异并不太大，由于使用的方法不同，脑力发挥的程度很不一样，差异可为无限大。方法好就事半功倍，方法不好只能事倍功半。

这里有一点必须注意：方法的利用没有一定的限制。每做一件事，只要勤于思考，就会有许多种方法供人选择和利用，其数量之多超出想象。所以，遇到新的知识需要记忆时，最好先找出可以帮助自己思考和加深印象的线索。尤其在这种信息资讯过剩，新的知识后浪推前浪的时代，若不讲求方法，仍以原来的速度按部就班地学习，接受新知识的速度与质量势必受到影响。可见，方法的选择是多么重要。

为什么用了很长时间，
才记了这么几个单词呢？

要使用循环记忆法，一个单词
朗诵次数过多是愚蠢的……

复习时要不停改变方式

以背诵课文为例，一般人习惯在上一回划重点的部位以相同的笔、相同的手法再划上一次。此法一旦为头脑所习惯，缺乏新鲜感后就再也无法产生刺激作用。文章中一再重复同样的字眼常让人讨厌，也是这个道理。

所以只有不时地改变方式才能加深记忆印象。具体做法是：以浏览的方式看过一遍的课文，第二次可仔细地阅读，第三次参考有关书籍，第四次从后往前读，第五次则将注意力转移到课文后面的习题上等，使同样的内容每次都有不同的温习方式。

利用图像竟然可以学数学

学习数学，学生经常为公式难记而发愁，写呀、背呀，但总是记不住，对函数的性质经常记错，张冠李戴的现象经常发生。如果把公式和函数的性质总结在图像上，便简单明确了。

方法是先做一个正六边形，按照图示那样标好六个三角函数值。在对角线交点上画一小圆圈，在圆圈内写上"1"。

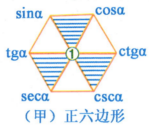

（甲）正六边形

我们先看倒数关系：

$\sin\alpha \cdot \cos\alpha = 1$　　$\text{tg}\alpha \cdot \text{ctg}\alpha = 1$　　$\cos\alpha \cdot \sec\alpha = 1$

可以看出，对角线上两个三角函数的乘积等于1。

再看商数关系：

$\sin\alpha \cdot \sec\alpha = \text{tg}\alpha$　　$\sin\alpha \cdot \text{ctg}\alpha = \cos\alpha$

$\text{tg}\alpha \cdot \cos\alpha = \sin\alpha$

$\text{tg}\alpha \cdot \csc\alpha = \sec\alpha$　　$\sec\alpha \cdot \text{ctg}\alpha = \csc\alpha$　　$\csc\alpha \cdot \cos\alpha = \text{ctg}\alpha$

不难看出，任何一个三角函数等于相邻两个三角函数的乘积。把上式推算一下，便可将商数关系导出来了。

平方关系在图像上更容易算出，更易记住。

如图中阴影部分，$\sin^2\alpha + \cos^2\alpha = 1$，$\text{tg}^2\alpha + 1 = \sec^2\alpha$，$\text{ctg}^2\alpha + 1 = \csc^2\alpha$，平方关系式便明确表现出来了。

将同角三角函数的关系式表示在六边形上，只要记住六个三角函数的位置，它们之间的关系便可牢牢地记下了。

三角函数图像的性质是难于记忆的。但是表现在它们的图像上，其函数的周期性、最大值、最小值、值域、定义域、单调性、对称性便清楚了。

培养你的注意分配能力

左手画圆，右手画方，两手同时进行。

起初可能会感到比较困难，经过一段时间练习，你肯定能应付自如。

在生活和学习中，要借类似实验锻炼这种能力。一个善于分配注意的人，才能在同一时间内以较少的精力从事较多的学习活动。

注意力集中训练范例

造成注意力不能集中的原因很多，如外界干扰、过度疲劳等。瑞士洛桑精神病医院中心研究所设计了一套仅用 1～2 分钟即可做完的"视觉和听觉配合训练"方法，对集中注意力十分有效。具体做法如下。

闭目凝神，凭想象在空中描绘出一个点来。此刻心中唯存此点，而无任何声响。慢慢将此点延伸为一条直线，再将时间拉长，然后描绘出较为复杂的星形或涡形，并且每天将图形复杂化。应特别注意，在凝想时尽量避免外在声音的干扰。久而久之，视觉和听觉即可配合自如。

有位学生利用这种方式，每天听时钟的滴答声。第 1 天 10 次，第 2 天 15 次，第 3 天 20 次，逐次增多，每次都十分专心地聆听，半个月后便养成了专心专意的习惯。

鸡尾酒的传说
——寻找单词背后的意义

大家都知道 cocktail（鸡尾酒）是一种混合饮料，可它为什么叫鸡尾酒呢？原来有一个美丽的传说与鸡尾有关。很早以前，美国纽约州一个有名的酒店老板只喜欢他的斗鸡和他的独生女儿。女儿爱上一个船员，可酒店老板坚决反对这门亲事。为了让心爱的小伙子拜见父亲时保持镇定，经受住考验，姑娘特地为他调制了一杯混合饮料。正在这时，斗鸡（cock）突然飞奔起来，尾巴上的羽毛正好掉进酒杯里。姑娘为了打破难堪局面，顺势把羽毛当成了搅酒棒，脱口而出："鸡尾酒！"父亲高兴地举酒与小伙子碰杯，小伙子轻松地渡过了难关。

上面的故事告诉我们，不少单词表面上枯燥无味，其实背后藏着很多动人的故事。

天才，首先是注意力！

——法国生物家乔治·居维叶

突触生长说

随着科学技术的发展，现代有许多科学家已经从细胞水平上来研究记忆的物质基础。21世纪著名的澳大利亚神经生理学家艾克尔斯的研究是这方面的代表。他以精湛的实验技术，对两个神经细胞接触的地方——突触（如图），以及单个脑细胞的电生理活动进行了大量细微的研究。他在实验过程中观察到某一感觉器官感受到外界刺激时，有关的神经细胞内的电位会发生变化，开始发放神经冲动，并且在时间和空间上构成一定的模式，沿着神经细胞的通路迅速传递。如果同样的刺激反复进行，那么神经冲动都沿着同样的通路传入，就会引起突触的生长，使传入的效率提高，这时也就形成了记忆。这种学说被称为突触生长说。

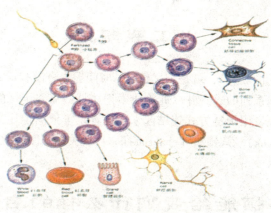

图示四个神经细胞，
灰色区域是他们接触的突触
神经细胞突触

圆周率记忆大赛

有一种比记忆能力的项目：记忆圆周率（π）。圆周率是圆的周长与直径之比，是几何学上的一个基本常数。1977 年，有一位英国人创造了背诵圆周率到小数点以下 5050 位的世界纪录；1978 年，加拿大的一名 17 岁的学生背诵到小数点以下 8750 位。1982 年一位日本人创造了记忆小数点以下两万位的最新纪录。他曾用了 3 小时 10 分钟背到小数点以下 15151 位。还有人能够记住 100×100 以下的乘法表，例如 3937×127＝499999，以及所有 1000×1000 以下的平方根，因此他心算 6 位数以下的乘法比一般人用计算器算得还快。

人工联想法

所谓"人为的联想"，就是记忆数字、时间等本身没有意义的事物时，自己能设法制作一系列的表，并以此为线索记住那些需要记忆的资料。把需要记的材料钩住或者用锁链方式连结起来，或者牢牢地固定住，这通常称为智力钩（mental hook）、链锁法（chain method）或关键词图像化（key word picture）。

牛顿能给我们什么样的启示

一个朋友来看望物理学家牛顿并和他一起进餐，饭菜都已经摆在桌子上了，牛顿却还没有从书房里出来。那位朋友早已习惯了牛顿的怪作风，就独自一人吃起来。他吃完了那盘鸡，想和牛顿开个玩笑，就把所有的鸡骨头放回盘子里，然后盖上盖子离开了牛顿家。几小时后牛顿才从书房里出来，并感到饿了，于是揭开盖子。当他看到盘子里的鸡骨头时，不觉大吃一惊，自言自语道："我还以为我没有吃呢，又弄错了!"说完他又回到书房开始思考和工作。

视觉集中训练

请在下图中找出各字母与数字对应的连线。

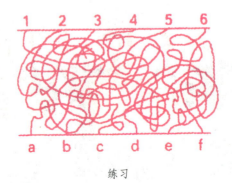

练习

手捧金元宝的土财主

——联想记忆范例

我们在学习中，常会碰到一些抽象的或者容易混淆的概念。如果采用比喻的方法，就能把它们变成形象的东西，使之留在记忆的屏幕上而不被时间的浪花轻易抹去。

这种记忆方法要求我们善于观察和想象，让思想的骏马在我们熟悉的空间驰骋，让它驮回一个个"喻体"，与我们所要记的东西挂上钩，构成精彩的比喻融进记忆的画卷之中。

例如，有人对离子化合物的电子式总是记不清，不知括号是括着阳离子还是阴离子。我们可以把阴离子比作一个阴险、贪婪的财主，电子比作一颗黄灿灿的金子，括号比作财主的双手。这样，就永远记住了括号是括着阴离子的。再如，记忆电子在原子核外排布，就可以把原子核比作一个多子的母亲，能量低的电子比作小儿子，能量高的比作大儿子，小儿子爱依偎在母亲身边，大儿子远离母亲工作也在情理之中，这样便可轻易地理解和记住能量最低原理和电子在核外运动的规律。

寻根究底

good-bye：good 即 God；bye 即 by，在旁边。可作为一种告别的祝愿，可见 good-bye 并非只有"再见"的意思。

umbrella：umbre 意为荫凉、遮挡，lla 为小的意思，小荫凉不就是遮阳挡雨的"伞"吗？

closet：close 关闭，et 小的，关闭的、不公开的秘密小场所不就是"厕所"或"壁橱"吗？

window：wind 风，ow 洞，进风的洞不就是"窗"吗？

bridegroom：bride 新娘，groom 马夫，新娘的马夫不就成"新郎"了吗？

American：美国、美洲，意大利著名航海家亚美利哥（Ametigo）继哥伦布之后抵达美洲，美洲因他而得名。

boycott：联合抵制，罢课。一个名叫 Boycott 的英国商人因提高租金引起公众联合抵制，这个单词便由此而来，比较好记，读音接近汉语"罢课"。

The Fascination of Art City

Artcity

需要速读、速记的书，最好由后面读起

人们读书的时候，往往在开始时念得比较认真，记得较多，愈往后愈觉得疲惫无味，效果也就越差。这是十分自然的。

如果从后面读起，你会发现效果大不一样，颇为理想。因为一本书的结论一般出现在后面，而逻辑的延伸是从文章开头开始，再于结尾归纳整理好。如果先看结论就不致将已懂的部分（书中前面的部分）重复阅读，而印象不深的后面部分却被遗漏掉，也不至于浪费宝贵的时间。

考前复习也是如此，从后面开始一点点地往前复习，效果较好。特别是英文、数学、物理等阶梯式教学的科目，若从后面开始复习，一次便可完成总复习的工作量。

消除疲劳的"半蹲绕行法"

现代人已习惯坐着吃饭、读书、看电视。根据医学报道，坐姿是最容易使人疲劳的姿势，尤其是趴在桌上埋头读书，由于采用的是胸式呼吸，身体姿势最多能维持 1~1.5 小时，而无法进行长时间的学习，用这种姿势读书一旦超过 2 小时，整个人就无法再集中精力了。为了解决这一问题，大脑医学权威提出了"半蹲绕行法"。所谓"半蹲绕行法"就是从椅子上站起来，先踮起脚尖再慢慢放下脚跟，后屈膝呈蹲姿缓缓绕椅而行。此法可使呼吸从胸部自然转移至腹部，迅速消除疲劳，增强学习欲望。你可将此法告知你的朋友，让大家都来试试看。

怎样制订记忆计划

美国研究"时间管理"的顾问建议：采用"等级分配"方法，将一天或一个月内所要做的事项（包括学习及其他）列出来，依轻重缓急安排好。**将最重要、最迫切的事列为 a 等，次者为 b 等，可做可不做、没什么重大意义的事列为 c 等。**a 等的事安排较多的时间和精力，在精力最充沛的"顶峰期"去做，b 等次之，c 等可安排一些零星时间，或者干脆不做具体安排，有时间就干，没时间就算了。各个科目的学习也分成若干等级，比较重要的或者需要重点努力的课程列为 a 等，依次类推。这样就能抓住重点，以主带次，有的放矢，有条不紊地进行学习，获得举一反三的效果。否则东抓一把，西抓一把，杂乱无章，无所适从，本末倒置，劳而无功。

历史年代记忆汇编

每个中国人都应该了解祖国的历史，而学习历史必须记住那些主要年代。记忆历史年代的方法很多，列举如下。

谐音形象法——例：马克思诞辰是 1818 年 5 月 5 日，可记为"马克思一巴掌一巴掌，打得资本家呜呜地哭"。赤壁之战发生在 208 年，可以记为"曹操二十万水军被烧怕"。

数字特征法——例：1234 年蒙古灭金，1789 年法国资产阶级革命，1881 年《中俄伊犁条约》签订，在数字结构上都具有特征，抓住这些特征就容易记住了。

简单推算法——例：1644 年清军入关，占领北京，可想到"十六等于四乘四"。1578 年李时珍完成著作《本草纲目》，可想到"十五等于七加八"。

联想推算法——例：三国时期魏、蜀、吴三国建国时间分别为 220 年、221 年、222 年，记住一个便可推算到另外两个。第一次党代会谁也不会忘记吧！只要记住第二年开第二次，第三年开第三次就可以推算了。

中外比较法——例：公元前 594 年鲁国宣布"初税亩"，同年希腊雅典发生梭伦改革。1864 年太平天国失败，同年第一国际诞生。记住其中一个可联想起第二个。

年代等距法——例：1883 年中法战争，1894 年中日甲午战争，1904 年日俄战争，1914 年第一次世界大战，1924 年列宁逝世，年代间隔均为十年，注意这个特点，易于记忆。

对应记忆法——例：公元前 100 年苏武出使匈奴，公元 100 年许慎著《说文解字》。中国共产党成立前十年，辛亥革命爆发。

试一试 （一）

　　以下是圆周率小数点后面 300 位数字，有兴趣的同学可以试试，看你能在多长时间内运用书上的"数字记忆法"把它们记住：

3. 14159265358979323846264338327950
　　28841971693993751058209749445923070
　　81640628620899862803482534211706790
　　……8214808651328230664709384460955
　　05822317253594081284811174502841027
　　01938521105559644622948933493038196
　　……4428810975665933446128475646233
　　78678316527120190914564856692346034
　　86104543266482133936072602490141273

　　如果你现在已经把它记住了，那么祝贺你！
　　你在记忆技巧和记忆能力上都有了长足的进步！

顺藤摸瓜法——怎样背诵古文

所谓"顺藤摸瓜"法，就是抓住古文的"藤"（即梗概）去背古文。

古文也像现代文那样，有骨、有血、有肉，"骨"就是文章的梗概。如果我们抓住了文"骨"，就掌握了文章的梗概，就能清楚地纵观全文的开端、发展与结局，有助于内容的记忆。

先将文章分成小节，然后将这些小节简洁概括，最后将概括连成文章的梗概，这样就形成了一条"藤"，顺"藤"摸"瓜"，就能事半功倍，背熟古文。

例如，在背诵《桃花源记》时，第一步是削枝折叶留主干。即把全文逐段分层，加以概括。《桃花源记》中武陵人的奇遇可逐层简化为：晋……为业（渔）；缘……缤纷（逢桃花）；渔……其林（探险）；林……有光（遇洞口）；便……开朗（入洞）；土……自乐（洞内景况）；见……作食（待渔人）；村……叹惋（洞内人避难之因）；余……道也（告辞）；既……志之（做路标）；及……得路（派人找，迷路）；南阳……津者（刘子骥找，病故）。

第二步是把概括的事件发展顺序连起来。渔—逢桃花—探险—遇洞口—入洞—洞内景况—待渔人—洞内人避难之因—告辞—做路标—派人找—迷路—刘子骥找—病故。这样，就形成了一条"藤"。

第三步是熟悉梗概的顺序，进行背诵。首先，看写好的概括，其次，看它包括哪几句，将句子读熟。例如："渔"就是"晋太元中，武陵人捕鱼为业"。如果读一次未熟，再读一次或两次就会掌握了。熟读了第一层，我们再读第二层、第三层，最后合上书背一两次就基本记住了。

记忆的依据

根据构词法。如：use-useful-use-less：large-enlarge；satisfy-satisfaction-satisfactory 等等。

根据读音规则。如：tough, enough, fire, wire, desire, tire, require 等等。

根据动词的变化规则。如：grow-grew-grown, know-knew-known, throw-threw-thrown, show-showed-shown, sew-sewed-sewn 等等。

按反义、同义和同音。如：fast-slow, foolish-wise, glad-sorry, general-special, borrow-lend；desk, table；army, force；clothes, dress；boat, ship；city, town；work, job, task；sea, ocean；road, way；door, gate；bare, bear；farther, father；deer, dear；often, orphan；wait, weight；pratice, practise；等等。

记忆的定义

对经验过的事物能够记住，并能在以后再现（或回忆），或在它重新呈现时能再认识的过程就是记忆。它包括识记、保持、再现或再认三方面。识记即识别和记住事物特点及其间的联系，它的生理基础为大脑皮层形成了相应的暂时神经联系；保持即暂时联系以痕迹的形式留在脑中；再现或再认则为通过再现或再认可恢复过去的知识经验。

各人记忆的快慢、准确、牢固和灵活的程度，可能随其观点、兴趣、生活经验而改变，对某一事物的记忆，各人所牢记的广度和深度也往往不同。

记忆技巧五例

歌诀记忆：将有些比较凌乱、没有规则的知识编成歌诀，读起来抑扬顿挫，唱起来押韵合辙，比较好记。如：将中国的历史朝代编成"夏商周秦西东汉，三国两晋南北朝，隋唐五代北南宋，元朝明朝和清朝"，就可将我国几千年的历史朝代都记下来了。还有将"战国七雄"编成"秦齐楚魏韩燕赵"，将"五胡"编成"匈奴鲜卑羯氐羌"来记。一年二十四个节气也可以编成歌诀："春雨惊春清谷天，夏满芒夏暑相连，秋处露秋寒霜降，冬雪雪冬小大寒。"

概括记忆：如我们现在提倡讲文明、讲礼貌、讲卫生、讲秩序、讲道理；心灵美、语言美、行为美、环境美。这样说上几遍，印象不深。要是用"五讲四美"四字加以概括就记得牢了。

外储记忆：外储指知识外储，与知识内存相对。内存于大脑，外储于笔记、卡片。外储对于治学和事杂的人很重要。方法有抄录、有摘记，也有只记几个字的，要点在于记录准确，便于检查，注明出处。

网络记忆：网络指信息的脉络。如做人才学演讲，可将演讲内容提纲挈领地理出："人才学诞生的历史背景，人才学在国内外，人才学的基本内容，人才学的研究方法"四条脉络。把握住这个网络，演讲起来就不会丢三落四。

借词记忆：例如，人的大脑左半球主管逻辑思维，右半球主管形象思维，但有时二者的功能又会被弄混。有一个方法，只要记住"佐罗"这个人名，就可以牢牢记住左半球是主管逻辑思维的了。

人的记忆能力有多大

请看看美国麻省理工学院科学家的一份报告。

假如你始终好学不倦，那么你脑子一生储藏的各种知识将相当于美国国会图书馆藏书的五十倍。据说，该图书馆藏书一千多万册。也就是说，人的记忆容量相当于五亿本书籍的知识总量。还有人估计，全世界图书馆藏书七亿七千万册，它们所包含的信息总量共有四千六百万亿比特，这正好和人脑所能记忆的信息量大体相当。并且，人的记忆可以保持七十到八十年。

奇特联想法应用实例

我国古书的十二个第一

第一部字典:《说文解字》

字典是用来说明文章、解释字意的。

第一部词典:《尔雅》

在想听词的点(典)上,耳(尔)朵却哑(雅)了。

第一部字书:《字通》

字堵了,把字疏通。

第一部文选:《昭明文选》

要招名(昭明)家作的文章来选辑。

第一部诗集:《诗经》

诗集应集诗歌精(经)华。

第一部神话集:《山海经》

神话集中山上,海里都是妖精(经)。

第一部农业百科全书:《齐民要术》

一个姓齐的农民要上树(术)。

第一部植物学词典:《全芳备祖》

植物的全部芬芳都准备献给祖国。

第一部地理书:《禹贡》

地理书是大禹给我们上的贡。

第一部建筑专著:《营造法式》

建造军营要造出头型发(法)式。

第一部散文集:《尚书》

散文尚待书写。

记忆名人堂

历史和现实中都有过一些记忆才能很强的人。中国古代"建安七子"之一王粲路遇碑文，吟诵一遍，即可不忘；蔡文姬能够背诵父亲蔡邕四百多篇失散的著作；凯撒记得住数万亲兵的姓名；英国散文家、哲学家培根可以默写自己著作的一部分；美国著名植物学家亚沙葛雷能记住几万种植物名称；拜伦曾自夸，他可以背诵他写过的所有诗句；美籍匈牙利学者冯·诺伊曼能背诵狄更斯的《双城记》。据报道，英国伯明翰的一位名叫马里斯·巴尔为斯坦斯的 19 岁大学生，能背诵 23 年来的每年流行的 20 首歌曲，以及自 1956 年以来他居住的城镇的每日气温、降雨量和全国的公共汽车车号、运行时刻表。杰出的记忆才能固然与人的遗传因素有关，但主要还是后天刻苦锻炼得来的。

试一试（二）

以下是圆周率小数点后 300～600 位的数字，如果你已经闯过了前面的一关，那么请继续：

……3305727036575959195309218
6117381932611793105118548074 4
6237996274956735188575272489 1
22793818301 194912
……9833673362440656643086021
3950160924480772307436285530 9
6620275569397986950222474996 2
06074970304123668
……7245870066063155881748815
2092096282925409171536436789 2
5903600113305305488204665211 3
841468517415116094

如果你现在已经能把 600 位数字一口气背下来，并且准确无误，那么你真的已经跨入了高手的行列！

别犹豫，赶快去当众表演一番吧！

高效率来源于轻松的姿态

如果你躺在吊床上看书，有人看不惯，会用读书应该端坐书桌旁的道理来教训你，你不必加以理会，因为端坐不是唯一的姿势。唯有在身体放松的状态下，才最不容易疲劳且最能集中精力。这种状态心理学称为"最佳学习状态"。

美国总统肯尼迪将祖传的摇椅带进白宫陪伴他处理公务的用意即在于此。根据医学报道，摇椅的摆动效果与运动相当，不但能促进血液循环，活动筋骨，加强关节的弹性功能，还可有效地防止肺部瘀血。

美国柏克莱市加州分校的学生上课不坐在椅子上，而是顺其自然地在地板上或坐或卧，或成堆形。问及原因，学生回答说是为了获得学习的高效率，才这样让身体保持最轻松的状态。

牛　奶

牛奶是一种近乎毫无废料的完全营养品，只要知道婴儿仅靠牛奶便能成长发育这个事实，你就会完全明白了。牛奶中脑所必须的**氨基酸**含量十分均衡，尤其值得一提的是**钙**的含量也很高。有许多食物中的钙是不大容易溶化吸收的。然而，牛奶所含的钙却非常易于吸收，并且质地优良。此外，牛奶中还含有丰富的 **B 族维生素**，这也是它的一个重要优点。

编用歌诀，帮助记忆

过去有人曾将我国的二十二省、五个自治区、三个直辖市编成歌谣：

> 两广两湖两河山，
> 四江宁辽福吉安，
> 蒙藏新疆陕青甘，
> 云贵川台北上天。

镜花水月

平时要从不同角度对单词进行剖析，减少单词中陌生信息的含量，将单词中的部分基本单位转化成熟悉的信息。

necklace 项链——neck 颈+lace 链

closet 卫生间——close 关+t，卫生间不是需要关门吗？

fleet 舰队——flee 逃走+t

cookie 小甜饼——cook 烹调+ie 小

leaflet 传单——leaf 树叶+let 小，像树叶一样纷纷飘落不就是传单吗？

airport 飞机场——air 航空+port 港口

surface 表面——sur 表面的+face 脸

upstairs 在楼上——up 上+stairs 楼梯

mistake 错误——mis 错的+take 拿

England 英国——Eng 英国的+land 土地

kidnap 绑架，诱拐——kid 哄骗+nap 抓住

postwar 战后的——post 后的+war 战争

afterward 后来——after 在以后+ward 向……

schoolmate 同学——school 学校+mate 伙伴

stepmother 继母——step 脚步，跟+mother 母亲，接替生母的不就是继母吗？

艾宾浩斯 （1850—1909）

艾宾浩斯是德国心理学家，以首创记忆实验研究著名。他以无意义音节（由德文两个辅音同一个元音组成）和有意义文字为识记材料，对记忆保持和时间推移的关系、学习材料的分量和诵读次数的关系、重复学习和分配学习的影响等问题，都做了深刻的研究，发现了遗忘先快后慢的规律（参见"遗忘曲线"），为学习、记忆问题研究开辟了新的途径。主要著作有《论记忆》等。

历史、地理记忆二例

学历史时，要记住中国古代史的主要阶段：原始社会、夏、商、西周、春秋、战国、秦、汉、三国、两晋、南北朝、隋、唐、宋、金、元、明、清。可以想象为：原始人在夏天受了伤（商），喝稀粥（西周）度春秋。战果（国）归了秦始皇，秦始皇累得直流汗（汉），三个国家给送来两条毛巾（晋），南北来朝拜，敬送水（隋）和糖（唐），秦始皇送（宋）给他们金元，账目搞得明白，清楚。开始时，这样容易记住，以后熟悉了不用谐音和联想的拐棍也能记得下来。

学地理时，要记住我国的四大盆地，即塔里木盆地、准噶尔盆地、四川盆地、柴达木盆地。怎样记呢？因为不光要记住四个信息，每个盆地的名字也不太好记呀！这也可以用奇特联想法来解决。你可以这样联想：盆地中有座塔，塔里有根木头，准备割（噶）木耳（尔），四面穿（川）上，操起柴刀打（达）木头。按此顺序一回想，四大盆地名字就出来了。记住五大名泉也是如此，你可以想象：观音在惠山上看山下虎跑，虎跑到一个地方乱扒，趵突出一个中冷泉来。有人问中国五大名泉时，你就浮现上述的现象，观音泉、惠山泉、虎跑泉、趵突泉、中冷泉便如在眼前了。

联想的定义

《辞海》注曰："由一事物想起另一事物的心理过程。"由当前事物回忆起有关的另一事物，或由想起的一件事想到另一件事，都是联想。

记忆的种类

以记忆的内容为根据，可以分为四类。

形象记忆。以看过、听过、嗅过、尝过的事物形象为内容的记忆。

逻辑记忆。以概念、公式、定理等为内容的记忆。

情绪记忆。以所发生的情绪和情感为内容的记忆。

运动记忆。以人的言语运动和四肢运动为内容的记忆。

以信息在脑中存留的时间为根据，把记忆分为三类。

瞬间记忆。信息在脑中储存时间不超过 2 秒。

短时记忆。信息在脑中储存时间不越过 2 分。

长时记忆。信息在脑中储存时间从 1 分至多年。

缩记法

对于一个长句子，不掌握方法死记硬背是费力的，而且也不能久记。这里向大家介绍一种缩记法。这种方法的特点是：用简单扼要的语言把长句子的意思概括起来。

比如，把党在新的历史时期的总任务缩记为：**团结奋斗，实现四化，建设"两高"。**

原句子为：团结全国各族人民，自力更生，艰苦奋斗，逐步实现工业、农业、国防和科学技术的现代化，把我国建设成为高度文明、高度民主的社会主义现代化强国。

你看，缩短句子比原来的容易记吧。

怎样使用卡片帮助记忆

通常，卡片的填写都是正面写问题，反面写答案，或都写在正面，反面什么也不写。

使用卡片，可根据需要做不同的排列。比如用卡片来整理历史内容，既可横向排列，把同一年代各地发生的重大事件组合在一起，也可用纵向排列，把同一地点发生的各个事件按年代的先后排列在一起。整理地理知识，可将一个地方的面积、人口、自然条件、矿产资源整理在一起，也可将数个地方的各种概况分类整理在一起。数、理、化等学科的各个定理、定律、定义、概念的排列组合也是如此，英文单词卡片既可按课表归类，也可按动词、名词等词性归类，还可按第一个英文字母的顺序来归类……经常做不同的排列组合，就能把各种知识有机地联系一起，扩大记忆网。这样做，往往可有意外的收获。

奇特联想记忆一例

请用奇特联想法记住下面的一组词语：

十四五岁　少林小子　苏小三　知音　牧马人　小海　邻居　大虎　花园街五号　红衣少女　红象白龙马　赛虎　夜茫茫　路漫漫　雷雨　十天　武当　火焰山　少林寺　山道弯弯　泉水叮咚　鹿鸣　翠谷　飞来的仙鹤　三个和尚　神秘的大佛　宝贝　木棉袈裟　高山下的花环　四个小伙伴

例解：十四五岁的少林小子苏小三和他的三个知音牧马人小海、邻居家的大虎，以及花园街五号的红衣少女，骑着红象和白龙马，带着赛虎，不怕夜茫茫，哪管路漫漫，冒着雷雨，走了十天，经过武当和火焰山到了少林寺。这里山道弯弯、泉水叮咚、鹿鸣翠谷，到处是飞来的仙鹤。三个和尚热情地引导他们参观了神秘的大佛里的宝贝——木棉袈裟，并把高山下的花环送给了四个小伙伴。

多做改善记忆力的体操

多做记忆力体操。大脑右半球支配着左半身活动，左半球支配着右半身的活动，但一般人左脑用得多，因为左脑负责高级精神活动的大部分，因此左脑容易疲劳。如果长期得不到调节，就会影响大脑功能的发挥，影响记忆效率。为此，日本、英国的一些学者提出，为使大脑两半球协调发展，应加强右脑锻炼，也就是多做左侧单侧体操。

英国学者发现，常运动左手，使左右手协调发展，可以使记忆力明显改善。这种体操的基本要领是：立正，左手紧握上举，左臂屈伸；仰卧，左脚向上直举，再向左侧倒下；左臂直举靠近头部，自由下垂；身体向左倾倒，以左手、右足尖触地支撑身体，左臂伸直，身体笔直斜躺，弯左脚起身，俯卧撑，左足向上高抬，右臂尽量不用力。

其实，只要左侧身体得到运动，特别是左手得到运动就行，完全可以根据自己的特点自编体操。

发散记忆

发散性思维是以中心概念（规律）为依据，找出相关概念的一种思维方法。比如，从"力"这个中心概念出发，可以找出重力、摩擦力等概念，还可以根据"力"的定义联想到牛顿三大定律，进而联想到运动学的概念（规律）等。同时，每记一个概念（规律），就把它填在纸上，并标好它与别的概念（规律）的关系。

默记好这些概念（规律），以同样方法引出更多的概念（规律）。这样，中心开花，层层推广、发散，就基本上把高一物理前四章的物理概念（规律）回忆到了。这就好比是抓住了纲绳去提鱼网，很省事。

格言

临渊羡鱼不如退而结网

使一切单词记忆法
均显苍白无力的词根记忆法

记单词 Visit（参观）、television（电视），一般都这样死记：v-i-s-i-t，t-e-l-e-v-i-s-i-o-n。但不知道为什么由这几个字母组成并具有这个词义。如果分析、寻找它的核心——词根，也就是词产生的根源，那就好记了。原来 visit

是由词根 vis（看）加上 it 合并而成的；television 是由 tele（远距离、遥控、电信）+vis（看）+ion（状态、东西）合并而成的。**这两个单词共同拥有的东西 vis（看），是单词产生、构成的种子词根，它决定着单词的基本意思。抓住了单词的要害部位——词根，其他单词和字母就好记了。**

又如词根 car（车、小汽车）和它的派生单词。

①car，n. 汽车，车，其词根为 car，有时也为 carr 或 char、carrus 几种形式。

②carry，v. 运输，car（车辆）+ry（行动），即用车辆运送。

③career，n. 经历，生涯，职业，car（马车）+eer（行驶状态），即像马车驶过的道路。

④carriage，n.（四轮）马车，车厢，carry（y 变为 i，运输）+age（东西，工具），即运输的工具。

⑤cart，n. 马车，手推车，car（车）+t，即小型车。

根据④和⑤的分解，carriage 和 cart 虽都为"马车"，但意思不一样。④为大一点车，四轮；⑤为小型车，两轮。

⑥caravan，n. 大篷车，cara（车）+van（空的，有篷的）。

"yes" 和 "no" 教会你······

下面随便排列由"yes"和"no"组成的一组文字，您能在30秒钟内记下它所有的顺序吗？

yes·yes·no·yes·no·no·no·yes·yes·no·no·yes·yes·yes·yes·yes·no·yes·no·no·yes·no·no·yes

如果您逐字记忆它的顺序，通常30秒内只能记下一半左右。

拿这道题目对大学生做测验，结果平均记忆量是13个。这是不是极限？不是。如果人们以两个字母为一组，分别给与代号："yes·yes"为1，"yes·no"为2，"no·no"为3，"no·yes"为4。整组文字便可记成"1、4、3、4、2、4、1、1、4、3、2、4"。接下来只需像背电话号码一样背熟即可，这种方法根据实验可将记忆量提高到21个。重新扩大分组编号后，再对学生做实验，结果发现记忆量又增加。

此次测验证明，整体化的程度愈高，记忆量则愈大。这种整体化增进记忆数量方法本为电脑技术人员使用，但实验证明用在学习上也十分有效。重复，是增强记忆力不可缺少的条件。然而，记忆方法上机械式的单调重复，却未必有好处。

画图记语法

Taiwan is in the east of China.

Korea is on the east of China.

Japan is to the east of China.

中国台湾位于中国的东部。

朝鲜位于中国的东边。

日本位于中国的东面。

以上介词词义和用法有着明显的不同，平时很容易混淆，但通过画图就可以很快辨清词义，并记住单词及其用法。

in—原义为在内，这里指在界限版图之内。

on—原义为在上，这里指与界限相接，领土接壤相邻。

to—原义为朝向，这里指在的方向，隔海相望。

记忆要适时休息，不能强制硬灌

请你记住下面这幅图

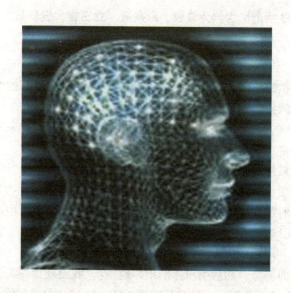

概括记忆法训练一例

用"概括记忆法"记忆下面历史题。

秦始皇巩固统一的措施：

建立中央集权制：①加强皇权，秦王嬴政自称"始皇帝"，大权集中在皇帝手中。②加强中央机构，设丞相处理国家政事，设御史大夫监察百官，设太尉管理军事，三官均由皇帝任免。③实行郡县制，分全国三十六郡，郡下设县。郡守、县令都由皇帝任免，负责对地方的统治。统一度量衡、货币、文字和车轨等。

以上可以概括记忆为：**为集权、戴皇冠、立三官，设郡县、四统一。**

物象是记忆的根本

物象是记忆的根本，不论记忆什么事物，只要能在自己的大脑里浮现出物体的形象，就会增强记忆。

例如学外语。如果不是将外语翻译成文字，而是形成物象来记，那记忆速度就会快得多。下面做一个浮现物象的实验。

用一根线系住一个五分硬币，再找一张纸画上一个"十"字，放在桌子上。然后用右手食指和拇指捏住线的另一头，坐在椅子上，姿势尽量平稳、舒适，将胳膊肘放在桌子上，硬币下垂至离纸"十"字、距中心上方两厘米左右处，两眼盯着硬币。注意：第一，肩膀必须放松；第二，心情平静。上面都做好以后，可用同样姿势做以下两个试验。

①摆好上面姿势，然后嘴里不断出声地说："我要硬币左右（或前后）晃动。"这时什么也不要想，只是重复前面的话。经过一段时间你会发现，硬币基本不动或动的幅度很小。

②摆好上面姿势，然后在头脑中浮现硬币左右（或前后）晃动的情况。注意，浮现出的物象必须鲜明，头脑不能同时想其他任何事情。这样过一会儿硬币就会真的慢慢晃动起来。如果你大脑中浮现硬币静止的情形，过一会儿硬币就会真的静止下来。

通过上面的实验，你就会发现，物象在记忆中处于何等重要的地位呀！

联想、归类记忆英语单词

在记英语单词时要是用一根线把这些单词串起来，像葡萄一样一个一个地记，就容易得多了。

如看一辆吉普车，可以想到"jeep"，又联想到"卡车、公共汽车、自行车、火车"分别是"truck、bus、bicy cle、train"，然后从火车联想到"飞机、轮船、汽船"是"plane、ship、steamer"，再联想到"汽油、蓖麻油、石油、煤油"是"petrol、castor oil、oil、kerosene"，又联想到"煤油灯""kerosene lamp"、"电灯""electric lamp"，从电灯联想到"电视、电话、电影、电子计算机"是"television、telephone、film、electronic computer"，这样联想，归类记忆，既巩固了知识，又给生活增添了无限的乐趣。

怎样提高"当堂记忆"的效率

从心理角度来看，艾宾浩斯所揭示的遗忘规律表明：识记的内容在短时间内遗忘较快，遗忘数量也较多；相反，在较长时间里遗忘则处于缓慢的递减状态。

根据这一规律，在课堂学习时，对老师刚讲完的基本知识的原理在充分理解的基础上，抓住大脑神经兴奋的最佳时机"趁热打铁"，立即强化识记，就会有效地减少遗忘，收到事半功倍的良好效果。

那么，怎样搞好当堂记忆呢？

第一，要明确当堂记忆的好处，培养对当堂记忆的兴趣，有了兴趣才会自觉去做。这样既能减轻学习负担，又能显著地提高学习效率。

第二，要善于选择当堂识记的具体内容。"当堂记忆"并不是把教师的每一句话或课本中的每一行字都印在脑子里，也不一定堂堂都去记忆。记忆的主要内容是教材中那些最基本的、关键性的概念和原理及重要事例和材料。如《法律常识》中的"法律""宪法""国家制度""犯罪""正当防卫"。

第三，合理运用当堂记忆的时间，由于"当堂记忆"是在有限的45分钟内进行的，因此一般可根据概念的意义或原理内容表述的长短、难易理解程度而定。如概念可用1~4分钟，原理可用4~8分钟，但最长不宜超过10分钟，否则会主次颠倒。

第四，要掌握"当堂记忆"的多种方法。比如，对容易混淆的概念或原理，像《法律常识》中的"行政制裁""行政处分""行政处罚"等，可采用"比较记忆法"。又如，对由几个要点构成的"社会主义制度的优越性""社会主义法制"等原理，可采用分层记忆法。

第五，及时巩固"当堂记忆"的效果。"当堂记忆"其实并非当场全部记住，还会有所遗忘。故此，下课后要及时复习，这样就可以使记忆保持持久。

揭开大师的神秘面纱

奇特联想法是一种非常有趣的方法。它就像是在写科学幻想小说，又像是在闲扯"西游"。你可以随意操纵自己的意念，高度发挥创造力，导演一幕幕活生生的戏剧。

这种方法是世界上公认的"记忆秘诀"。美国当代记忆术专家哈利·罗莱因先生非常推崇这种方法，他写的《惊人的记忆法》是1975年美国最畅销的书。他还开办了记忆法专科学校，进行记忆法教学。许多国家的记忆术大师能在一会儿工夫认识四五百人，记住他们的面貌、姓名、职业，能在晚会上表演默记扑克牌，表演记几十个单词，这些都是以这种方法为基础的。

记忆力奇特的人

苏联曾出现过一个记忆力超群的人，这个人是耶夫帕托里亚市一家疗养院的职员，名叫尤里·亚历山德维奇·诺维科夫。他只要扫一眼，就能说出人们用粉笔画在黑板上的杂乱无章的、大小不等的，甚至相互交切的近百个圆圈的准确数目。尤里曾被带到许多陌生城市应试。他每到一个地方，只要在街上走一次，就能对那里的交通线路、十字路口的情况，以及各家大型商店、剧院、酒店的名称与地址了如指掌。他只要两小时的时间，就可以娴熟地背诵一本有一千多家用户的电话簿中每家用户的称谓、号码等。他还可即席表演记忆外语生词、报刊文章、电视节目，速度非凡，使人咋舌。

可广泛应用的奇特联想法

一般说来，一副中草药都由两种以上的草药组成。常见的药方少说也有五六种，每种药方都是由毫无联系的几种药名组成，要想牢固地记住许多药方，必须采用独特的记忆方法，奇特联想法在这方面可以大显身手。

1. 渗透药

组成：生川乌、生草乌、红花、归尾、桃仁、马钱子、自然铜、甘草各一两，生姜五片。

2. 舒活酒

组成：生地（90g）、樟脑（90g）、红花（6g）、广三七（2g）、麝香（0.6g）、冰片（3g）、薄荷脑（24g）。

联想如下：

渗透药、各一两夫妇，经常自然同（铜）生川乌、生草乌一起在自己的甘草地桃仁树下养殖红花，赚到马钱子买归尾酒，好在五里姜之地开酒铺。

舒活酒与我去90公里以外的生地买90斤樟脑，走到红花路向广三七二人一打听，才知零售楼有麝香，我只好买了三块冰片，镇了24小时发热的薄荷脑。

记忆的指标

衡量人的记忆力好坏主要有四个标准：

记忆的敏捷性，这是指识记的速度。

记忆的持久性，这是指识记的东西保持时间的长短。

记忆的正确性，这是指能够把识记的东西准确无误地再现出来。

记忆的备用性，这是指记忆中所保持的东西能够在需要的时候很快地回忆起来。

训练你的观察能力

下图是木工师傅的一块废木块，其尺寸如图所示，先注意观察三十秒，然后回答木块的体积多于还是少于一千立方厘米？然后再看下面的答案。

这个问题答多或少都不对，从这个图形看，边长五厘米的部分看不清是凹进去的还是凸出来的。

多数的人可能答少，实际上从图形看可以答多也可以答少。对于不太明确的东西一定要认真观察，找出其特点，这样才能真正认识它。

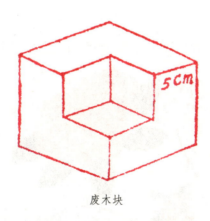

废木块

想不起单词怎么办

　　最近读过某单词，并且已记住了拼写和发音，但是怎么也想不起来意思。这时该怎么办好呢？最好的办法是，首先回忆碰到该单词时的全部情况，尽量集中去回忆同时出现的其他单词，这样肯定能够根据那些单词中的某一个词回忆起该单词的意思。把一个单词看作整篇文章（含有该词）的一个单位来考虑，可与这篇文章中的其他单词进行联想。如果联想创造得好，则通过回忆该内容中的某一个词，也一定可对将要回忆的单词恢复记忆。这样，见过一次的单词，今后就能牢牢地铭刻在心中。通过又一次清晰的联想可以牢固记住。

脱离死记硬背，活学活记一例

高中生物知识难度大，初学掌握比较难，但仍可用心钻研，利用找联系、画图表的方法进行记忆。

比如学习第二章生物的新陈代谢中动物的新陈代谢一节时，课本有"体内细胞的物质交换""物质代谢"和"能量代谢"三方面内容，知识面广，涉及循环、呼吸、消化、排泄系统的生理，又有内分泌和神经系统的调节作用。为了理清知识之间的内在联系，弄清来龙去脉，可整理下列图表。

通过图表就把三大营养物质代谢之间，物质代谢和能量代谢之间，能量代谢和能量代谢之间等梳理清楚了，不用死记硬背就可以牢记。

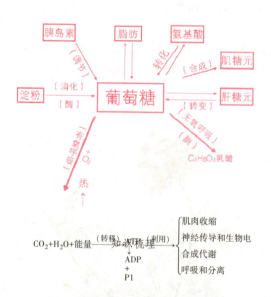

要分散复习

　　学生都知道，没有哪个学校是先集中上完一门课，再去上另一门课的，即使是一周之内，语文、外语等也是按一定的时间每天搭配好了的。你知道这是为什么吗？

　　心理学家告诉我们，假定要重复练习某个作业 20 次，若在一天内持续 20 次反复练习，可能每次均要花费 30 分钟。而且重复练习会造成学习上的压力，引起情绪波动，影响学习效果。若每天练习两次，分十天完成，每次所花的时间只有 20 分钟，效果一定会更好。

　　大脑的机能和身体各部位的机能一样。我们不可能把明天的觉在今天睡完，明天就不要睡了，也不可能把一周的饭都提前吃完，几天就不饿了。头脑内一天持续接受同样的东西多了，就会感到厌倦，记忆力也越来越弱。考前熬夜、通宵苦读及临时抱佛脚的效果之所以不好，原因就在这里。连续十几个小时的"填鸭""硬灌""死记"，头脑当然负荷不了。

注意的起伏现象

在正常情况下，人的注意是无法达到长时间绝对集中的，它会在特定时间内进行集中与分散的往返波动，这是注意的一种起伏现象。所谓的集中，有时是相对来说的。

注意看某个截去尖端的棱锥体，你会发现自己时而把它看成是顶端向着自己，时而又会把它看成是底端向着自己，不管怎样努力稳定它，都无济于事。这是视觉注意的起伏现象。夜深人静时伏案写作，时而会听到书桌上闹钟的滴答声，时而又听不到，似乎是有规律地交替出现的，这是听觉的注意起伏。注意每次起伏的周期为8~10秒钟，个体差异很大，这里说的是一个平均数，这么短时间的注意起伏，对于一般工作来说是不会有多大影响的，对记忆来说也是如此。但是经过15~20分钟的注意起伏以后，注意就会不由自主地离开对象。为了适应注意的这一特点，我们在工作、学习的时候，最好能每隔15分钟就变换一下活动。例如抬头望望窗外，或者在课堂教学中，讲授、提问、讨论等交替进行，这样就能克服学生的注意分散问题。

药物健脑三例

五味子

五味子自古以来用为强壮剂，祖国医学文献中早有记载。现代医学经临床观察及动物实验证明：它在适当剂量内对中枢神经系统有兴奋作用，能改善条件反射的活动性，提高大脑皮层细胞的机能，调节心血管系统，促进血液循环。服用五味子制剂（粉、精、糖浆、五加参冲剂等）均可消除疲劳、振奋精神，使人耳聪目明、精力旺盛。用量：15克一次。用法：每日三次，口服，饭前服，疲劳后服，在写作、看书、背记材料前服用更佳。

蜂王浆——北京蜂王精

蜂王浆是特种天然营养补剂，内含大量的蛋白质和多种氨基酸、维生素类物质。对体弱者可滋补康复，对用脑过度者可改善脑力活动，供给脑细胞所必需的能量，是最佳补脑、健脑强神、健身的药物，尤对增进记忆有明显效果。用法：每日早饭前服一支，必要时睡前服一支。

脑复新

脑复新是维生素 B_6 的衍生物。它的作用是：能增进通过血脑屏障的葡萄糖量并促进脑内糖和氨基酸的代谢，增强动脉血流，调整脑血流量，从而使大脑细胞有充分的能量和热量，增强大脑功能。用法：每次 0.1 克，每日三次口服。

上述三种药物，经临床实验证明，对治疗一般性神经系统疾病疗效均佳，脑力劳动者适量服用可以健脑增智，增强记忆力。大家不妨试用。

请你结合记忆原理的系统介绍，说出下面19条记忆规律的中心意思。

规律1：关于信心的规律。

规律2：关于意图的规律。

规律3：关于动机的规律。

规律4：关于观察与集中注意力的规律。

规律5：关于意义的规律。

规律6：关于思维单位的规律。

规律7：关于背景知识的规律。

规律8：关于兴趣的规律。

规律9：关于愉快的规律。

规律 10：关于形象化的规律。

规律 11：关于利用多种感觉的规律。

规律 12：关于联想的规律。

规律 13：关于复习的规律。

规律 14：关于人为联想的规律。

规律 15：关于尽快复习的规律。

规律 16：关于保持有规律的间隔时间进行复习（分散法）的规律。

规律 17：关于自我测试（背诵）的规律。

规律 18：关于过度学习的规律。

规律 19：关于个人条件的规律。

录音机记忆法

现在不少学生喜欢在上课时将老师的讲解过程用微型录音机录制下来，课后反复播放，反复温习。这的确是个好办法，尤其对那些速记本领不强又不太勤快的人，可免去动手记笔记的麻烦（记笔记有时还容易遗漏，直接录音则很少出现这种情况）。在上阶段复习课或总复习课时，这种方法更能体现优越性。

有位美国政治家常随身携带小型录音机，即使洗脸或坐马桶时也不忘打开，学习外语。

据说他在四五年内用这种方法学会的外语竟达四种之多，还没有花费多少精力与金钱。

特征法

利用材料的某些特征进行记忆。

例如，注意某些历史事件发生年代的数字特征，就便于记忆了：曹操统一北方的官渡之战，发生在公元 200 年；孙权建立吴国是 222 年；蒙古灭金是 1234 年；法国资产阶级革命发生在 1789 年；努尔哈赤建立后金是 1616 年。200 等具有整数特征；222、1616 等具有同数特征；1234、1789 等可看作自然数列。抓住这些数字特征就容易记住枯燥的历史事件发生的年代了。记忆数学、物理学、化学等公式也可以采用类似的方法。

画图法区分英语单词

beard（下巴）胡子

mustache（嘴上）胡子

whiskers（脸颊两鬓）胡子

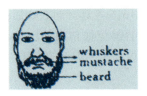

chair 椅子　　　stool 凳子

bench 长椅　　　desk 课桌

table 圆桌

熬夜不会有好效果

有人认为临考前的熬夜是最有效的冲刺，事实恰好相反。心理学研究证明，记忆力的减退因睡眠和清醒两种状态而各不相同。

证明这种现象的著名心理学家塞金斯博士发现，学习后立刻睡觉，头两个小时记忆虽然会减少，但两小时后就会停止。如果一直保持清醒不睡，记忆减少的状态就会维持到八小时之后，并仍然不断。原因是人在清醒状态对周围所有的事物都会寄予关切，而一旦有关心的事物，大脑便会将该事物记入脑中。如此不断记忆，不断有新的记忆讯号盖在旧的记忆讯号上，先前记忆的事项自然会变得模糊。此时若不设法制止大脑继续记忆，原有的记忆事项终将消失于脑海中，这说明记忆在一段时间内是有限的。当然，如果能保持足够的睡眠（这个睡眠不在时间的长短而在熟睡的程度），适当地熬夜则又当别论了。

格　言

记忆是一切事物之宝，是守护者。

记忆对于理性的一切机能是必需的。

记忆力世界冠军

印度门格洛尔市 23 岁的心理学大学生斯·马赫杰温用 3 小时 39 分钟记住并且背诵了 31811 个数字，刷新了记忆力世界纪录，夺得冠军。上次冠军是用 9 小时 14 分钟记住和背诵了 28013 个数字。

启示——橄榄

化学试剂中有一种石芯试纸，它是用来检测溶液酸碱度的。当将石芯试纸放到某溶液中时，试纸呈蓝色，说明溶液是碱性；如果呈红色，那么溶液就是酸性。有些学生对这两种反应总是混淆，于是有人在一个偶然场合下，创造出了便于记忆又不致混淆的记忆方法。当试纸在溶液里呈红色或蓝色，而你又搞不清究竟是红色标志酸性，还是蓝色标志酸性的时候，只要想一想吃的橄榄，就能准确地判断出呈蓝色的溶液是碱性。因为上海方言中"橄"和"碱"发音相似，"榄"和"蓝"也是发音相似，这样"碱蓝"和"橄榄"发生了谐音联系，不就便于记忆了吗？

ROSE——玫瑰花的联想

一切记忆的基础在于观念和体验的联想。在增强记忆时，联想是连接在"意图""注意""意义"之后产生的。联想是把前后各项结合成为统一体的。通过某个观念巧妙地联想，记忆可以得到加强。通过联想，在心中把思维联系起来，与某一种思想相结合的其他思想就能在心中再现。

例如记忆意大利半岛的形状时，可以在心中描绘一只长筒靴，就是这个道理。

记忆玫瑰花（rose）这个词时，与其仅仅按拼写 r-o-s-e 去记，不如在心中描绘出玫瑰花的形状，还可以记为"像玫瑰花一样美丽的"（beautiful as rose）词语，然后在心中描绘出花大红玫瑰花中间的卡门的情景，这样更加容易记忆。

假若无论怎样也无法与联想结合，记忆就像一大堆破烂一样，相互间没有任何关系。

因此，当新概念在心中产生时，必须把它分类整理，如能就这个新概念创造出很多很有意义的联想，那么以后就容易回想出来。

例如：记忆 red（红）这个单词时，与 orange（橘色）、pink（桃色）等类义词联系起来记忆。

大　脑

　　一位英国科学家发现，自 19 世纪中期到 20 世纪中期的一个世纪，男人大脑的平均重量从 1372 克增加到 1424 克；女人大脑的平均重量从 1242 克增加到 1265 克。这充分说明由于科学技术和文化的日益发达，人的思维活动不断增加，从而使人们进一步发掘大脑的潜在智慧，随之也使大脑的重量有所增加。

　　神经心理学家认为：人的大脑越早开始从事紧张工作和连续思维活动，大脑的有效功能持续的时间也就越长。而绝不是像有些人所说的那样，过早地用脑会伤神、须发早白、未老先衰。只有从幼年开始锻炼学会复杂的思维过程，才能够使脑细胞始终处于清新、健壮和生机勃勃的状态，从而延缓细胞的老化过程。

一切知识，

不过

是

记忆。

——英国哲学家培根

怎样进行联想记忆的表演训练

当我们学习了奇特记忆法，并且经过一段时间的训练，已经掌握到一定程度时，就可以试着进行速记表演了。

从表演的训练可以培养形象思维的敏捷性和快速记忆的能力。

表演并不是很难的事情，我们对很多人做过实验，2~3分钟记住20~30个信息，基本上是百发百中，你要树立信心，相信科学，不要自己吓自己。

请两位朋友帮忙，让他们在纸上写出20个词语，然后交给你，限看2分钟。你要迅速把20个词语用奇特联想串连起来，然后由头至尾背出，记住18个词说明你已经掌握这种方式，没记住的可能物象浮现不清晰。如果2分钟没记完，可适当延长，20个全记住了请继续向30个进军。

前面的表演主要是用视觉，因为一般人视觉记忆好。下面试验一下听觉表演训练。

请一位朋友出20个词语，每说出一个词语就写在纸上，你马上浮现物象加以联想，然后便一个接一个地随着朋友的速度联想下去，等朋友把全部词语写完，你已经全部记住了实物联想词，一般人都可达到2分钟左右记20个的程度。

在成功的基础上，你可以增加记忆数量，缩短记忆时间，同时在班组、科室、学校、晚会上，在几个人至几十人的会场，你可以来几段即兴表演，向大家证明人的记忆力是可以通过锻炼提高的。

格　言

激发必胜信念，
其势犹不可挡！

中外谐音联系法

利用英语单词的读音与汉语拼音相似的特点进行联系、想象、记忆。

pat：拍——与读音的前头基本相似，可联系为"拍它"。

boss：老板——可联系汉语"包事"。

ear：耳朵——可联系"一耳"。

maid：少女——可联系"美的"（"少女是美的"）。

faint：昏暗的——可联系为汉语"昏的"。

fetch：取——可联系为"获取"。

metre：米——可联系为"米特"。

oil：油——可联系为"熬油"。

strange：奇怪的——可联系为"事真奇"。

联想纠错———熟视无睹的错误字

重量的"重"是"千里"；出去的"出"是两重山压着。这两个字从象形上讲不通，错在什么地方呢？两座山压着是重，千里是出门并且走得很远了，那才是出呀。现在却变成两座山压着是出。两座山压着还出得去吗？出不去了，这是错误。外国人完全理解不了，这毫无相关的意义，是笔误，是老师讲课，学生打盹，弄错了。师道之尊严不改变，就传下来了。矮子的"矮"、射箭的"射"也是这种类型，寸身，是矮。"矢"，在射，这不是象形吗？现在却倒过来，风马牛不相及了。

脑均势说

中世纪的时候，一些哲学家和生物学家认为人有三个脑室，一个是管想象活动的，另一个是管思维的，剩下那个就是专管记忆的。但是人们随着对脑的逐步认识，觉得人脑中并没有大量信息汇存起来的贮存器官，记忆似乎和人脑的140亿个神经细胞都有关系。损坏动物脑的一部分，看已训练的行为是否消失，结果发现习得行为消失与脑的损伤面的大小有关，而与损伤部位无关。由此认为在大脑中没有特别的记忆区，即使是最简单的"痕迹"也是成千上万乃至上千万个神经细胞相互联系的结果。

这就是美国心理学家拉虚里创立的"脑均势说"。

联想名言

想象在本质上也是对世界的思维。

——高尔基

在探索认识的过程中，想象力虽是灵感的源泉，但如不受训练，也可能

酿成危险，丰富的想象力须用批评与判断来加以均衡。当然，这决不等于说要给予压抑或扼杀。想象仅能使我们步入黑暗世界，在那里凭借我们携起的知识的微光前进。我恨不得撕开我的胸膛，让我的心化作一颗雄性的太阳，我要给天下所有的心授孕，使每颗心都萌发绿荫般的思想。这都是大胆想象的诗句。有比喻、有跳跃，是把性别与太阳、绿荫与心"嫁接"。

历史年代记忆法应用

一、特征记忆

抓住某件事情发生的年代的某个特征，如 1919 年五四运动由两个"19"组成。可以把具有同样特征的年代排在一起来记，1616 年努尔哈赤建立后金；1818 年马克思诞生……

二、间隔记忆

这种方法分为四种。

相距一年的：如 1921 年中共一大；1922 年中共二大；1923 年中共三大；1924 年国民党一大。

相距两年的：如 1917 年十月革命；1919 年五四运动；1921 年中国共产党成立。

相距十年的：如 1901 年《辛丑条约》签订；1911 年辛亥革命；1921 年中国共产党成立；1931 年九一八事变；1941 年皖南事变。

相距一百年的：如 1789 年法国资产阶级革命开始；1889 年第二国际成立。

这样由一个历史年代可以推出一串历史年代，记起来自然、清楚而不易混淆。

三、中外对比记忆法

此法用中外发生在相同年代中的历史事件做比较，如公元前 594 年鲁国实行"初税亩"，同年希腊雅典梭伦实行改革；1864 年天京陷落，太平天国运动失败，同年第一国际成立。

四、公元前后对称记忆法

这种方法与第三种基本相似，也具有对比性，但它是对公元前、后进行对比的，所以也具有一定的对称性。如：公元前 208 年秦末农民起义，公元 208 年三国赤壁之战；公元前 73 年斯巴达克起义，公元 73 年东汉班超出使西域。

历史年代虽然难记，但是如果找到一些规律也就不难了。

你也可以做到

学习语言主要靠记忆。如果我们注意锻炼自己的记忆能力，掌握记忆的规律，应用各种有效的记忆方法，那么我们就比较容易掌握一门、两门甚至三门外国语。

在 19 世纪 40 年代，天主教神父麦采凡蒂能通晓 70 种语言和 38 种方言，当时世界上称他是"语言怪杰"。19 世纪末，法国一个木匠的儿子名叫爱密尔，年龄不过 17 岁，就掌握了 12 种语言，并且精通汉语。在一次招待各国使节的盛大国宴上，他使用了 20 多种语言致欢迎词。这当然是个别的、杰出的事例，但也说明我们的记忆确实能达到这么惊人的程度。

请不要做尴尬的 "半桶水"

sophomore 中 sopho 意为 "聪明的"，more 却是 "傻瓜" 的意思，但其词义是 "大学二年级学生"。原来，古罗马用这个词来讥笑那些自以为什么都懂的 "半桶水"。

academy—大哲学家柏拉图经常到一个名叫阿克得米（Academy）的园林里讲学，这种场所便成了专门从事学术研究的 "科学院"。

museum—神话中，人们把艺术作品存放在缪斯神庙里以表示对文艺之神缪斯（Muse）的敬仰，这种神殿就变成了现在的 "博物馆"。

language—langu 的词根意为 "舌"，相当 "语" 字中的 "言" 字旁，加上后缀 age（的东西），就变成了 "所讲的内容" ——语言。

muscle—mus 就是 mouse 老鼠之意，但词义为 "肌肉"。原来，古希腊人发现运动员上臂的肌肉像一只老鼠，在皮下不停地跳动，于是就用 "小老鼠" 来称呼发达的肌肉。

多多留心、多多比较、多多挖掘，就能从记忆里面寻找到乐趣。

人们怎样形容马克思的记忆力

"马克思的头脑是用很多令人难以相信的历史及自然科学的事实和哲学理论武装起来的。而且他又非常善于利用长期脑力劳动所积累起来的一切知识。无论何时，无论任何问题都可以向马克思提出来，都能够得到你所期望的最详尽的回答……他的头脑就像停在军港里待发的一艘军舰，一接到通知就能开向思想的海洋。"

嫁接联想法

飞流直下三千尺，
疑是银河落九天。

——李白

联想记忆训练一题

现在你来试试如何记忆"树、土、花、蝶、木、草、舞、绿、人、红"这10个无意义联系的汉字，看看要朗读多少遍才能记住。第二天你再回忆这10个字，看看到底遗忘了多少。

再试试用联想的方法去记忆，比较双方的效果。

土——木（相似联想）

木——树（接近联想）

树——草（相似联想）

草——绿（接近联想）

绿——红（对比联想）

红——花（接近联想）

花——蝶（接近联想）

蝶——舞（相似联想）

舞——人（相似联想）

"智力"七因素

芝加哥大学心理学教授 L．L．瑟斯顿博士，把"智力"分为七种因素，其中的一个就是记忆因素。

瑟斯顿博士列举的七个"智力"因素是："数（理解数字、计数的能力）、知觉（对热、冷、宽窄、大小的观察能力）、空间（对远近、高低、宽窄的观察能力）、语言、记忆力、归纳（结构力等逻辑分析的能力）、言语的流畅性。"记忆的好坏不能决定智力的高低，然而记忆在我们日常生活中所占的比重却很大。没有记忆不会数数、不能识字，甚至不认识回家的路。

就是说，以上所列举的七种因素是相互关联的，其中对"智力"有举足轻重作用的主要因素就是记忆。

生活与魔鬼

永远不会忘记的趣味英语单词：

大家都学过 live（生活）及其过去式 lived 这两个单词，觉得很好记；但觉得 evil（罪恶）和 devil（魔鬼）这两个单词难记。其实好记，其中 live、lived 与 evil、devil 的字母顺序正好相反，真是寓意深刻，富有趣味！据说 live 出自一个犯人之口，他在服刑前深有感触地说："我颠倒了生活（live），所以铸成了罪恶（evil）。"这真是形义相连，妙语双关。同样，他"过去的生活"（lived）也颠倒了，就要去服死刑，死后变成"魔鬼"（devil），会被打入十八层地狱。这样 live 的相反词 evil，lived 的相反词 devil 就永远不会被忘记了，复杂、枯燥的单词就简单化、生动化了。

魔鬼的联想——争鸣篇

英文也是象形字?

"e-y-e"眼睛,完完全全就是象形文字,鼻子中间就是两只眼睛。那么我们破译一下象形的英语和他的胎记。太阳圆的"o"出来了。太阳、口、开、关,都与"o"有关,所以电梯开门肯定有"o"。一下子可以有一连串的联想。"o"在旁边是开,"o"被挤到中间了是 close。月亮"c"出来了,它和弯弯的镰刀也有关系。树木像一根柱子。水滴在树上,下雨了,树叶上出现一颗水滴,象征符号"i"。光线来了,小草长芽了,光线扭曲了,于是出现了"r"。两个人高兴,男女拥抱,两条蛇扭在一起,藤蔓绕在一起,于是"s"出现了,很有象征意义。顺着这条思路,思维就打开了。26个字母怎么推出就可由此找到答案,有些字母是浪费的、多余的、重复的。因为先知的智慧不够,那后代只好如此了。不是所有的字母都用得到拼写。河流里有水,水是"i",一般有水就离不开 i,凡有水的地方如河、湖、海洋一般不能离开"i",离开"i"是迷惑,是英语的一种笔误。如河流(river)两岸长着小草"r",中间有水是"i",眼睛看得见"e",水截面"v"字形。所有这些字母组合起来就是河流(river)了。陆地是 land,岛屿属于水包围着的陆地,一定是 island。

利用图像竟然可以学数学

在学习数学时，学生经常为公式难记而发愁，写呀、背呀，但是总是记不住，对函数的性质经常写错，张冠李戴的现象常发生。但是把公式和函数的性质总结在图像上，便简单明确了。

拿同角三角函数的基本关系式来说吧，先作一个正六边形，按照图标好六个三角函数值。在对角线交点上画一个小圆圈，在圆圈内写上"1"。先看倒数关系。

$\sin\alpha \cdot \csc\alpha = 1$ $\text{tg}\alpha \cdot \text{ctg}\alpha = 1$ $\cos\alpha \cdot \sec\alpha = 1$

可以看出，对角线上两个三角函数的乘积等于1。

再看商数关系。

$\sin\alpha \cdot \sec\alpha = \text{tg}\alpha$ $\sin\alpha \cdot \text{ctg}\alpha = \cos\alpha$ $\text{tg}\alpha \cdot \cos\alpha = \sin\alpha$

$\text{tg}\alpha \cdot \csc\alpha = \sec\alpha$ $\sec\alpha \cdot \text{ctg}\alpha = \csc\alpha$ $\csc\alpha \cdot \cos\alpha = \text{ctg}\alpha$

不难看出，任何一个三角函数等于相邻两个三角函数的乘积。把上式换算一下，便将商数关系导出来了。

平方关系在图像上更容易算出，更容易记住。

如图中阴影部分，$\sin^2\alpha + \cos^2\alpha = 1$ $\text{tg}^2\alpha + 1 = \sec^2\alpha$ $\text{ctg}^2\alpha + 1 = \csc^2\alpha$

同三角函数的关系式表示在六边形上，只要记住六个三角函数的位置，它们之间的关系便牢牢记下了。

（甲）正六边形

常用复习法

整体法

纯粹部分法

渐进分段法

累进法

综合法